玉川上水・金比羅橋付近（東京都立川市）

　玉川上水は多摩川の羽村堰から四谷大木戸までの 43 km に及ぶ人工の水路であり，多摩川の水を羽村堰で取水して江戸に引くため，江戸幕府により 1653 年に建設された。写真は羽村堰の下流約 11 km にある金比羅橋付近であり，川べりは美しい緑道になっている。玉川上水の水は金比羅橋の下流 2 km 付近で東村山浄水場に分水され，その下流には多摩川上流水再生センター（昭島市）で処理された再生水が流入し，約 18 km 下流の浅間橋付近まで流れ，そこから管路で神田川に合流している。

基礎から学べる
環境学

田中修三・西浦定継　著

共立出版

は じ め に

　20世紀は，科学技術の発達を背景にした経済活動に支えられて社会の繁栄が築かれてきたが，一方で環境汚染や資源の枯渇など深刻な問題も引き起こされてきた。環境の汚染は，先進国がこれまでに排出した環境負荷と近年の途上国の経済発展や人口増加による環境負荷の増大が相俟って，その影響が生態系や大気圏を含む地球規模にまで達するようになった。この問題に対して，私たちはさらなる科学技術によって解決しようと試みてきた。しかし，環境問題は，科学技術だけでなく，政治，経済，資源・エネルギー，人口，教育，貧困など複雑に絡み合った多くの因子を含んでおり，環境問題を科学技術的な側面，あるいは各因子の個別的な側面から解決しようとすることには限界が見えてきた。

　環境の世紀といわれる21世紀になって，わが国は持続可能な社会を構築するために低炭素社会，循環型社会および自然共生社会を目指した統合的な取組みを展開することとした。この統合的取組みの背景にある地球温暖化，資源枯渇および生態系破壊という危機に加えて，2011年3月11日に発生した東日本大震災の津波による福島第一原子力発電所の事故は，放射性物質汚染にかかわるエネルギー問題という第4の危機を露呈することになった。低炭素社会の切り札といわれた原子力発電の安全性が大きく揺らぎ，安全な社会の構築が改めて重要な課題として浮かび上がってきた。

　環境問題は多面的な視点から捉えることが重要であるが，その本質には「環境と人間の関係」があり，まずこの関係を整理しておく必要がある。筆者らは，環境と私たちの生活や社会との関係を正しく知ったうえで，その知識に基づいて適切に行動することが「環境学を学ぶ」ということであると認識し，本書『基礎から学べる環境学』を執筆するに至った。環境問題が複雑化するにつれて，環境学の重要性はますます高まっており，本書はその気運の中での環境学への小さなチャレンジである。

本書は全7章（第1章～第4章は田中，第5章～第7章は西浦担当）で構成されている。第1章では「環境学と社会」として，環境とは何かを知り，私たちの生活や社会と環境とのかかわりを整理したうえで，持続可能な社会を目指した環境学について基本的な考えを明確にした。第2章では「地域環境問題」として，わが国の環境小史を整理し，環境問題の背景や影響を知ったうえで，具体的な地域環境問題の発生の仕組みについて説明した。第3章では「地球環境問題」として，地球温暖化やオゾン層の破壊などの発生の仕組みと対策・取組みを，次に海洋汚染や熱帯林の減少などの概要を説明した。第4章では「環境法」として，わが国の環境法の体系と環境基本法について整理し，次に具体的な公害，廃棄物，化学物質，自然環境保全，地球環境および環境影響評価等に係る法制度の概要を説明した。第5章では「社会経済システムと環境政策」として，人間活動が与える環境への影響を総括的に整理し，その対応策について説明した。第6章では「都市・地域の環境管理」として，都市機能の集約，公共交通の利用，環境アセスメント，生態系サービスなどの視点から都市・地域の環境管理手法を説明した。第7章では「環境教育・環境倫理」として，人間と環境とのかかわりから環境教育と環境倫理の役割について整理した。

本書は，2003年に出した『基礎環境学』をベースにしながらも，その後の環境問題を取り囲む社会の変化を踏まえて，全面的に書き直した書である。書名『基礎から学べる環境学』が表すように，本書は広い読者層を対象として，できる限り「わかりやすく，要点を絞って」を念頭において，基礎的な内容でまとめてある。本書が「環境学」の入門書として大学等や市民の環境学習に広く利用され，環境教育や環境保全の一助となれば幸いである。

なお，本書で示されている図表は，本書の重版・改訂前でも，必要に応じて新データの追記や更新を行い，共立出版Webサイトに掲載するので，適宜活用されたい。

2013年10月

田中　修三

目　　　次

第 1 章　環境学と社会

1.1 環境とは何か······1
　　1.1.1 環境と生態系······1
　　1.1.2 環境容量と環境汚染······2
　　1.1.3 物質循環と環境汚染······3
1.2 社会と環境とのかかわり······5
　　1.2.1 経済活動と環境問題······5
　　1.2.2 大量生産・大量消費・大量廃棄社会からの脱却······6
1.3 持続可能な社会と環境学······8
　　1.3.1 持続可能な社会とは······8
　　1.3.2 持続可能な社会を目指した環境学······9
演習問題······11
参考文献······11

第 2 章　地域環境問題

2.1 わが国の環境小史······13
　　2.1.1 環境問題の変遷······13
　　2.1.2 産業型公害の概要······17
2.2 地域環境問題とその発生の仕組み······23
　　2.2.1 大気汚染······23
　　2.2.2 水質汚濁······28
　　2.2.3 土壌汚染······34
　　2.2.4 廃棄物問題······35
　　2.2.5 化学物質汚染······41
　　2.2.6 放射性物質汚染······46
　　2.2.7 その他の環境問題······51
演習問題······54
参考文献······55

第3章　地球環境問題

3.1　地球温暖化 …………………………………………………………… 57
3.2　オゾン層の破壊 ……………………………………………………… 63
3.3　酸性雨 ………………………………………………………………… 66
3.4　生物多様性の損失 …………………………………………………… 68
3.5　その他の地球環境問題 ……………………………………………… 74
演習問題 …………………………………………………………………… 76
参考文献 …………………………………………………………………… 76

第4章　環境法

4.1　環境法の体系と環境基本法 ………………………………………… 77
　　4.1.1　環境法の体系 ………………………………………………… 77
　　4.1.2　環境基本法 …………………………………………………… 80
4.2　典型七公害に係る法制度の概要 …………………………………… 81
4.3　廃棄物・資源循環，化学物質，自然環境保全等に係る法制度の概要 … 84
　　4.3.1　循環型社会形成推進基本法と廃棄物関連法 ……………… 84
　　4.3.2　資源循環（リサイクル）関連法 …………………………… 89
　　4.3.3　化学物質関連法 ……………………………………………… 95
　　4.3.4　自然環境保全関連法 ………………………………………… 98
4.4　地球環境保全に係る法制度の概要 ………………………………… 99
4.5　環境影響評価法の概要 ……………………………………………… 101
演習問題 …………………………………………………………………… 103
参考文献 …………………………………………………………………… 104

第5章　社会経済システムと環境政策

5.1　人口問題と生活スタイル …………………………………………… 105
　　5.1.1　人口増加と環境影響 ………………………………………… 105
　　5.1.2　エコロジカルフットプリント ……………………………… 107
　　5.1.3　生活スタイルの変化と環境影響 …………………………… 109
5.2　社会経済システムと環境保全 ……………………………………… 114
　　5.2.1　生産活動における環境要素と外部不経済 ………………… 114
　　5.2.2　自然資本の枯渇と人工資本 ………………………………… 115
　　5.2.3　経済学による環境問題へのアプローチ …………………… 115
5.3　低炭素社会の実現に向けた環境政策 ……………………………… 116

5.3.1　二酸化炭素排出削減のための環境政策 ………………………… 116
　　5.3.2　国連による地球温暖化対策 ………………………………………… 118
演習問題 …………………………………………………………………………… 120
参考文献 …………………………………………………………………………… 120

第6章　都市・地域の環境管理

6.1　都市活動による二酸化炭素の排出 ………………………………………… 121
　　6.1.1　都市活動の影響 ……………………………………………………… 121
　　6.1.2　エネルギー利用と二酸化炭素の排出 ……………………………… 122
　　6.1.3　二酸化炭素の排出要因 ……………………………………………… 123
6.2　都市施策による環境管理 …………………………………………………… 124
　　6.2.1　都市の成長による環境問題 ………………………………………… 124
　　6.2.2　コンパクトな市街地形成の方策 …………………………………… 125
6.3　地域の自然環境保全 ………………………………………………………… 127
　　6.3.1　生物多様性を守る …………………………………………………… 127
　　6.3.2　里地里山の保全 ……………………………………………………… 130
6.4　環境アセスメントの実例 …………………………………………………… 131
　　6.4.1　環境アセスメントの方策 …………………………………………… 131
　　6.4.2　実例 …………………………………………………………………… 135
演習問題 …………………………………………………………………………… 138
参考文献 …………………………………………………………………………… 138

第7章　環境教育・環境倫理

7.1　環境教育，環境学習 ………………………………………………………… 139
　　7.1.1　持続可能な開発の考え方 …………………………………………… 139
　　7.1.2　環境教育と啓発 ……………………………………………………… 141
7.2　環境倫理 ……………………………………………………………………… 142
演習問題 …………………………………………………………………………… 144
参考文献 …………………………………………………………………………… 144

索　引 ……………………………………………………………………………… 145

第1章 環境学と社会

　すべての生命活動は環境を基盤として成り立っているが，私たち人間の生活や社会は実際に環境とどのようなかかわりがあるのだろうか。環境は身の周りの生活環境から地球環境に至るまで質的にも規模的にも多種多様であり，このような環境と健全な関係を築き，その関係を将来も持続するにはどうしたらよいのだろうか。自らこのような問いかけを行い，環境と生活や社会との関係を正しく知ったうえで，その知識に基づいて適切に行動することが「環境学を学ぶ」ということである。

　本章では，まず環境とは何かを知り，私たちの生活や社会と環境とのかかわりを整理したうえで，持続可能な社会を目指した環境学について学習する。

1.1 環境とは何か

1.1.1 環境と生態系

　環境という言葉にはいろいろな使い方があるが，多くの人は森や湖などの身近な自然の環境が頭に浮かぶに違いない。ところが私たちが生活しているのは都市や町村であり，そこには家や道路あるいは公園など人工的なものも多くある。自然であれ，人工的であれ，私たちを取り囲んでいる場所とその状況が環境（environment）という言葉で表される。周囲の状況が森や湖であれば自然環境であり，人間が生活する都市や町村であれば都市環境や地域環境といい，その身の周りの環境は生活環境と呼ばれる。環境を水域，大気および土壌に分けて，それぞれ水環境，大気環境および土壌環境ということもある。また，近年の地球規模の環境問題を受けて，地球とその大気圏を含めた地球環境という大きな捉え方もする。

地球には人間以外にもさまざまな生物（動物，植物および微生物であり，本書では生物を人間とは分けて扱う）がいるが，人間が社会を形成して生活するように，生物は群集として生物種間の関係を保ちながら生息している。この生物群集とその生息地をひっくるめて生態系（ecosystem）といい，これは環境の重要な構成要素となっている。生態系での生物種間の関係とは，たとえば，森林の生態系における樹木と鳥のように，樹木は鳥に食べ物や営巣の場を提供し，鳥は樹木の害虫を食べたり，植物の種を運んだりするという互恵関係である。また，生態系では微小生物を小動物が食べ，その小動物を中ぐらいの動物が食べ，さらに大きな動物がそれを食べるという関係もあり，これを食物連鎖（food chain）という。生態系は人間にとっても重要な存在であり，私たちはそこから各種の食物や生物資源を得るだけでなく，安らぎや憩いの場として利用するなど，日常的に多大な恩恵を受けている。

環境を良い状態に保つことは人間にとっても生物にとっても重要であるが，その評価は誰に対するものかによって必ずしも同じではない。人間にとって都合の良い環境でも，そこに生息する生物にとっては死滅につながることもある。たとえば，干拓や護岸のために干潟を埋め立てると，人間にとっては土地造成や安全確保のためであっても，その干潟の生態系は必ず消滅することになる。また，地球温暖化の問題においては，先進国と途上国のように国の経済事情や立場の違いによって，その対策の在り方や評価が異なることもあろう。環境の質の評価は，人間の健康や生活環境だけでなく，生態系への影響を含めて議論する必要があり，また，環境影響の範囲が大きくなればなるほど多様な視点から評価することが重要となる。

1.1.2　環境容量と環境汚染

私たちは生活するうえで多様な物とエネルギーを使用するが，その結果としてごみ，排水および排ガスなどの廃棄物が発生する。これらの廃棄物は何らかの処理をされる場合と未処理で排出される場合とがあるが，環境中に排出された分はいわゆる汚染物質となる。排出前に処理される場合でも，仮に汚染物質の除去率が80%であれば，残りの20%は環境中に出ていくことになる。

環境には，その機能を損なうことなく汚染物質による負荷を受け入れる力で

ある環境容量（carrying capacity）が備わっており，汚染物質の排出量がこの範囲内であれば環境汚染の問題は起こらないといえる。たとえば，家庭排水が未処理で河川に放流される場合，排水中の汚染物質量が河川の浄化力（環境容量）の範囲内であるうちは問題ないが，これを超えると水質汚濁を起こすことになる。環境容量は自然の浄化作用に支えられており，具体的には汚染物質に対する自然界の微生物による分解，植物や藻類による吸収，太陽光による光分解，水や空気による希釈（物質の濃度が薄まること）などである。なお，環境容量という用語は，その環境が破壊されることなく受入れ可能な生物や人の最大量，たとえば森林で育つことのできる樹木の最大数，あるいは自然公園の受入れ可能な利用者数など，の意味で使われることもある。

環境汚染と私たちの生活には深いかかわりがあり，経済発展により生活が豊かになると，物やエネルギーの消費量が増え，消費が増えるとさらに経済が活発化するが，一方で廃棄物量も増え，環境への負荷が増大する。人口も重要な影響因子である。多くの途上国に見られるように，経済的にそれほど豊かではなく一人あたりの廃棄物量は少なくても，人口が多く，しかも廃棄物が未処理で排出されると，そこでの生活が及ぼす環境への影響は決して小さくない。化石燃料の燃焼によって排出される二酸化炭素の場合，先進国や新興国における経済発展に伴うエネルギー消費の増大と途上国における爆発的な人口増加が作用し合って，二酸化炭素の排出量が急激に増えており，その量が植物等によって吸収される量（環境容量）を超えた結果として地球温暖化という地球規模の環境汚染を引き起こしている。

1.1.3 物質循環と環境汚染

自然界では物質はもともと循環しており，利用されない無駄な物，いわゆる廃棄物は一切存在しない。図1.1の物質循環（material cycle）に示すように，自然界では植物は土壌中の窒素やリンなどの栄養となる無機物（栄養物）と水分および空気中の二酸化炭素を吸収して，太陽光を利用しながら光合成（炭酸同化）を行い生長する。動物はその植物を食べて生きており，また強い動物は弱い動物を食べることもある。この生物間の捕食（食う）・被食（食われる）の関係をたどっていくと鎖状につながり，これが前述の食物連鎖である。さら

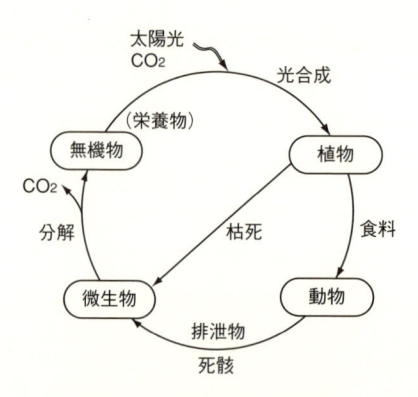

```
           太陽光
           CO₂
                   光合成
      (栄養物)
      無機物 ─────────→ 植物
         ↑  CO₂         │
         │ 分解    枯死  │ 食料
         │      ╲       │
         │       ╲      ↓
        微生物 ←──────── 動物
              排泄物
              死骸
```

図1.1　自然界での物質循環

に，動物の排泄物や死骸は微生物によって分解され，最終的に無機物に転換される。植物も枯れると微生物により分解され，無機物に転換される。これらの無機物は土壌中の栄養物となって，再び植物に吸収されていく。微生物による動植物等有機物の分解過程では二酸化炭素が放出されるが，この二酸化炭素も植物により吸収され光合成に使われる。このように自然界では物質は生物により繰り返し利用され，物質循環を形成している。水中でも，藻類や魚介類など水生生物が加わり，同様な物質循環を形成している。

　物質循環において光合成を行う植物を生産者，植物や動物を捕食する動物を消費者，動物の排泄物や死骸を分解する微生物を分解者という。消費者は食物連鎖の消費段階に応じて一次消費者，二次，三次と続き，その最高次にいる消費者が人間である。

　このような自然の物質循環とは別に，人間は社会経済活動として物を生産したり消費したりするが，その過程でいろいろな廃棄物を環境中に排出する。その廃棄物が自然界の微生物等によって分解・利用しきれないほどの量であったり，もともと分解できない物であったりすると，廃棄物は物質循環からはみ出て環境中に残り，環境汚染を引き起こす原因となる。たとえば，ある工場からの有機性排水（有機汚染物質を含む排水）が河川に放流される場合，適切な排水処理がなされれば処理水に残る有機物は河川中の微生物の働きにより分解されるが，不十分な処理または未処理の場合，排水中の有機物量はしばしば河川の浄化能力を超え，水質汚濁を引き起こす。もし，有機性排水に毒性のある物

質が含まれていると，微生物は死滅して排水処理や河川での生物分解が起こらず，やはり放流先で水質汚濁を起こす。また，排出されるものが二酸化炭素を含む排ガスの場合，大気に放出された二酸化炭素の量が植物による吸収可能量を超えると，その分は自然界の物質循環からはみ出し，地球温暖化の原因となる。

1.2 社会と環境とのかかわり

1.2.1 経済活動と環境問題

　先の20世紀は，イギリスにおける18～19世紀の産業革命に始まる技術革新により，先進国が資源とエネルギーをふんだんに使って大量に物を生産し，それを消費することで得られる物質的な豊かさや便利さを享受してきた。このような社会は同時に大量の廃棄物を排出し，いわゆる大量生産・大量消費・大量廃棄の社会構造と化した。やがて大量廃棄により大気汚染や水質汚濁などの公害が発生し，経済発展の陰に隠れて人の健康被害や生態系の破壊が引き起こされた。近年ではその経済活動に伴う廃棄物の排出量は地球規模で環境の劣化を招くほど増大し，その結果として地球温暖化やオゾン層破壊など深刻な地球環境問題が生じている。

　わが国は1950年代後半から1970年代前半にかけて著しい経済発展を遂げ，いわゆる高度経済成長期を迎えたが，一方で水俣病やイタイイタイ病など深刻な公害病が発生した。21世紀になって，中国やインドなどかつての途上国の中にも著しい経済発展を遂げる新興国が現れてきたが，ここでも水質汚濁や大気汚染などの公害が発生している。このように公害は各地で繰り返されており，残念ながらわが国の過去の経験が生かされていない。

　環境問題は私たちの生活を支える経済活動，すなわち農業，工業およびサービス業における営みと消費による負の結果（汚染物質の排出）として起こるが，言うまでもなく経済活動をやめることはできない。一方，経済活動は自然環境が提供してくれる資源とエネルギーに支えられており，経済発展が引き起こす資源の枯渇や環境破壊は逆にその活動を縮小させることになる。環境破壊は私たちの生活基盤を揺るがすだけでなく，健康の被害や生命の危機を引き起

こすこともある。このように経済発展と環境保全には相反する面があり，持続可能な社会を築くためには両者のバランスが重要である。

ところが，経済活動が環境に及ぼす影響は通常は私たちに見えにくく，一般に経済優先となる傾向がある。生活に必要な物やサービスは対価として金（かね）を払うことによって得られ，そこでの金の動きはよくわかる。しかし，現在の経済システムは物やサービスの対価は求めるが，それらの提供や消費が環境に及ぼす影響に対する価格を必ずしも適切に含んでいない。また，経済発展とともに都市化が進み，私たちの日常生活と自然環境とのつながりがますます薄くなっている。このために経済活動が環境に及ぼす影響が私たちに見えにくくなっているのである。

21世紀は「環境の世紀」と呼ばれているが，これは社会経済活動において環境が極めて重要な要素となり，全世界が環境への負荷を減らさない限り，私たちの生活や経済活動を持続できなくなることが懸念される時代に入ったことを意味している。持続可能な社会は健全な環境なくしてはありえない。私たち一人ひとりが経済発展の陰で環境問題が深刻な状況に陥りつつあることを認識し，持続可能な社会を築くために何をすべきかを真剣に考え，適切に行動する必要がある。

1.2.2 大量生産・大量消費・大量廃棄社会からの脱却

大量生産・大量消費・大量廃棄に支えられた20世紀の社会は私たちに物質的な豊かさや便利さをもたらしたが，一方で大気汚染や水質汚濁などの公害を発生させ，生活環境や生態系の破壊を引き起こし，近年では地球環境に影響を及ぼすほど汚染物質の排出量を増大させてきた。また，地球上の化石燃料や鉱物など天然資源は無尽蔵に存在するものではないが，この大量生産は有限な資源をも大量に使うことで成立していた。仮にこのままの経済活動が続くと，地球規模の環境汚染，資源の枯渇および生態系の破壊が進み，地球環境が深刻な状況にまで悪化するおそれがある。このような状況を回避するには私たちはどのような社会を形成し，どのようにして環境を保全すればよいのであろうか。

経済活動や日常の生活に伴い排出される廃棄物に対して，たとえば下水処理やごみ処理のように，私たちはこれまで汚染物質の除去あるいは焼却・埋立て

などの技術で対処してきた。こうした処理・処分の技術は汚染物質の環境への排出量を低減するが，廃棄物の発生を抑制するものではない。これは生産・消費・廃棄そして処理・処分という一連の活動の末端で使われる技術であり，エンド・オブ・パイプ技術（end-of-pipe technology）と呼ばれている。ところが，このエンド・オブ・パイプ技術だけでは，地球規模の環境汚染や天然資源の枯渇に対して十分に対応できない時代になってきた。大量生産・大量消費・大量廃棄の社会を見直し，持続可能な社会を築くためには廃棄物の発生量そのものを削減する必要があり，そのためには資源の循環利用や生産過程での廃棄物の発生抑制の技術が求められる。同時に，消費過程では廃棄物をできるだけ出さない生活に転換し，大量廃棄を食い止めることが重要である。資源を循環利用するために使用を終えた製品を分解し，その部品や素材を再生して新たな製品を生産するシステムを逆工場（inverse manufacturing）といい，従来の「設計→生産→使用→廃棄」という順工程だけでなく，「廃棄→回収→分解→再利用」というリサイクルの逆工程も入れた生産システムが求められている。

　廃棄物の発生抑制に関して，資源の有効・循環利用により廃棄物の排出量を限りなくゼロに近づけようとする考え方，これをゼロエミッション（zero emission）といい，国連大学で提唱された概念である。たとえば，ある工場で機器の加工・組立から出る金属くずやプラスチックくず，社員食堂から出る生ごみなど，工場内で発生する廃棄物をすべて分別し，金属くずは金属資源として再生し，プラスチックくずは種類ごとに固化して原材料または燃料として利用する。生ごみは飼料・堆肥用として専門業者に引き取らせ，その他の個別リサイクルできない可燃ごみは固形化燃料（RDF：refuse derived fuel）の原料として利用する。RDFとは可燃ごみを粉砕・熱圧縮・成形した短い棒状の固体燃料である。こうしてある産業から出るすべての廃棄物を新たに原材料として多様な分野で利用し，廃棄物の排出をゼロにすることを目指すのがゼロエミッション構想である。わが国では1997年度からゼロエミッション構想に基づくエコタウン事業が全国で展開されており，合わせて地域振興の基軸として推進されている。

1.3 持続可能な社会と環境学

1.3.1 持続可能な社会とは

　地球の恵み豊かな環境は，その長い歴史の中で多種多様な生物とそれを取り囲む環境との相互作用によって育まれてきたものであり，現在世代がその恵沢を消費し尽くすのではなく，将来世代に継承し，世代間で共有すべきものである。環境問題が地球規模にまで拡大している現状を踏まえて，わが国では「21世紀環境立国戦略」が2007年度に策定され，持続可能な社会（sustainable society）を低炭素社会，循環型社会および自然共生社会として構築する統合的な取組みを展開することとした（図1.2）。

　低炭素社会とは，地球温暖化への対応と化石燃料資源の制約からの脱却を目指して，化石燃料消費に伴う温室効果ガスの排出を気候に悪影響を及ぼさない水準にまで削減し，同時に生活の豊かさを実感できる社会である。循環型社会とは，資源の利用に伴う環境負荷や資源の有限性に着目し，資源採取，生産，流通，消費，廃棄などの社会経済活動の全段階で廃棄物等の発生抑制や循環資源の利用に取り組むことにより，環境への負荷と新たに採取する資源量を可能な限り少なくする社会である。自然共生社会とは，人類の生存基盤である生態

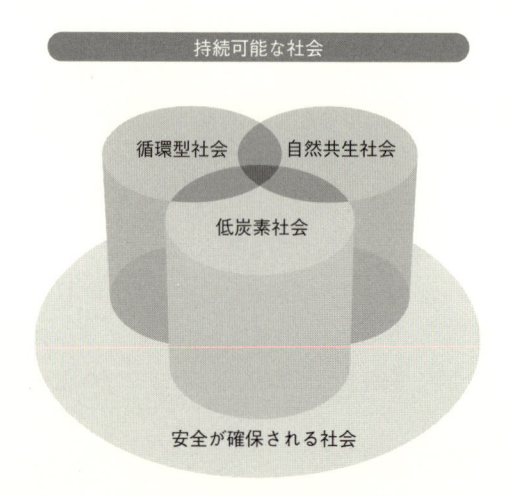

図 1.2　持続可能な社会（第四次環境基本計画）

系を守り，生物多様性を適切に保つという観点から，社会経済活動を自然に調和したものとし，また自然とのふれあいの場や機会を確保することにより，自然の恵みを将来にわたって享受できる社会である．

　この統合的取組みの背景にある地球温暖化，資源枯渇および生態系破壊という危機に加えて，2011年3月11日に発生した東日本大震災の津波による福島第一原子力発電所の事故は放射性物質汚染にかかわるエネルギー問題という第4の危機を露呈することになった．原子力発電所事故により大量の放射性物質が環境に放出され，これに端を発する反原発の世論の高まりにより，点検のため停止した他の原子力発電所も再稼働できず，わが国のすべての原子力発電所が停止したままという事態に陥った（2012年7月から福井県大飯原発が再稼働）．これまで低炭素社会の切り札といわれた原子力発電の安全性が大きく揺らぎ，安全なエネルギーの確保が改めて重要な課題として浮かび上がってきた．原子力発電は元来，使用済み核燃料の処理・処分の問題を抱えており，また，発電所で発生する固形の放射性廃棄物はドラム缶に保管されている状況で，これらの放射性廃棄物の処理・処分は将来世代に先送りされている．

　震災による原子力発電所事故を受けて，2012年度策定の「第四次環境基本計画」では，持続可能な社会は「低炭素」，「循環」および「自然共生」を統合的に達成することに加え，「安全」がその基盤として確保される社会であるとされた（図1.2）．放射性物質による環境汚染への対応や原子力発電のリスク管理を含め，安全という視点から低炭素社会におけるエネルギー政策を見直す必要が出てきた．化石燃料資源の少ないわが国において，エネルギー問題は環境問題であると同時に国家経済の存続を左右する問題でもあり，その解決は容易ではない．安全かつ持続可能な社会を構築するために，環境学には何が求められ，私たちは具体的にどのような行動をとるべきであろうか．

1.3.2　持続可能な社会を目指した環境学

　環境学は持続可能な社会を構築するための行動原理を探究する学問であり，その原理に従って適切に行動することが環境学を学ぶということである．環境学は他の学問分野に比べて新しく，未解明で未整理の点も多々あるが，基本的には環境政治，環境経済，環境技術および環境教育を骨格（4本柱）とし，そ

表 1.1 環境学を構成する基本骨格

基本骨格	具 体 的 な 項 目
環境政治	環境政策，環境法，都市・地域計画，リスクマネジメント，環境影響評価，国際環境協調など
環境経済	天然資源・エネルギー，生産性，環境の経済的価値，環境税，環境会計，環境ビジネス，グリーン経済など
環境技術	環境モニタリング，省資源・省エネルギー，環境負荷の低減，環境修復，クリーンプロダクションなど
環境教育	自然教育，心の豊かさ，科学技術と環境，消費者教育，環境倫理，環境情報の公開など

の相互関係の中で社会経済活動の在り方に対する最適解を導き出すための総合科学である（表1.1）．環境の破壊は，自然災害を除き，社会経済活動の結果として起こるものであり，私たちはその負の結果をこれからの社会経済活動にどう反映させ，改善していくかを科学的に問う必要がある．

　環境政治とは，すべての社会経済活動において環境の保全を前提として，その活動が環境破壊を引き起こす要因を取り除きながら，公共の利益のための政策を立案し，執行していくものである．環境経済は，経済活動が環境に悪影響を及ぼす機構を明らかにし，経済と環境との調和を保つために，環境や資源の価値をいかに経済活動に取り込んでいくかを探るものである．環境技術は，これらの政治や経済の基本原則に基づき行動するときの具体的なツールを提供するものであり，また，技術の進歩がその原則に新たな変化をもたらすこともありうる．一方，政治，経済および技術に係る諸活動を担うのは人間であり，私たち自身がもつ人生観や倫理観がその活動の在り方にも少なからず影響するといえる．人間と環境との関係を深く理解し，環境に配慮した生活や社会経済活動を実践するためには，心の豊かさや倫理観を含む環境教育が極めて重要となる．

　資源の循環は社会経済活動，ひいては社会の在り方そのものを左右する取組みであるが，循環にも自ずと限界があり，大量の生産と消費を伴う大量循環の社会経済システムでは持続可能な社会の実現は望めないと思われる．循環型社会を低炭素社会や自然共生社会との統合的取組みとして構築するためにも，今

日の大量消費の生活を見直す時機に来ているのではなかろうか。環境学が消費活動の適正化にいかに切り込めるか，ここにも環境教育に求められる本質的な役割がある。

演習問題
1. 生態系とは何か，そこでの生物種間の関係の例を含めて説明せよ。
2. 環境容量とは何か，環境汚染との関係を含めて説明せよ。
3. 自然界の物質循環と環境汚染の関係を説明せよ。
4. エンド・オブ・パイプ技術と逆工場について説明せよ。
5. ゼロエミッションとはどのような概念か，例を挙げて説明せよ。
6. 持続可能な社会を構築するには何が求められているか説明せよ。
7. 本書における環境学を構成する骨格（4本柱）について説明せよ。

参考文献
1) 環境省：21世紀環境立国戦略，平成19年6月1日閣議決定（2007）
2) 環境省：第四次環境基本計画，平成24年4月27日閣議決定（2012）
3) 環境省編：環境白書，平成24年版，日経印刷（2012）
4) 土木学会環境システム委員会編：環境システム，共立出版（1999）
5) 松尾友矩：環境学，岩波書店（2001）

第2章
地域環境問題

環境問題は社会経済活動の負の結果として発生するものであり，その活動の変化（時代の変化ともいえる）とともに環境汚染の質や影響も変化する。したがって，環境問題の歴史やその背景の違いを知り，さらに環境汚染の原因やその発生の仕組みを理解することは，環境学における行動原理を学ぶうえで基礎的かつ重要なステップである。

本章では，まずわが国の環境小史を整理し，環境問題の背景や影響を知ったうえで，具体的な地域環境問題の発生の仕組みについて学習する。なお，地球環境問題については第3章で扱う。

2.1 わが国の環境小史

2.1.1 環境問題の変遷

環境問題の歴史は，簡単にいうと，次のように整理することができる。まず，軍需産業や経済優先の工業化に起因する産業型公害が発生し，その後公害対策が進められる一方で，経済発展に伴う都市への人口集中による都市・生活型の環境問題が顕在化した。さらに，途上国の人口増加と経済発展が相俟って，社会経済活動による環境への影響が地球規模にまで達した地球環境問題への拡大，という変遷をたどっている。

わが国の産業型公害において，江戸時代から明治にかけてはほとんどが鉱山における鉱物採掘に伴う鉱毒害であったが，明治から昭和中期にかけては，鉱業に加えて紡績業，製鉄業および化学工業などが栄えた反面，それらの工場等からの排水による水質汚濁やばい煙による大気汚染などの深刻な公害が発生した。

鉱毒害を発生した鉱山としては足尾銅山や神岡鉱山などがある。その鉱毒害

は，採掘金属の銅や鉛などのほか鉱石に含まれるカドミウムや砒素などの有害な重金属類による水・土壌の汚染，製錬過程で発生する亜硫酸ガスによる大気の汚染であった。鉱毒害による健康被害は主に鉱山周辺に住む農漁業者に対してであり，その中にはカドミウムによるイタイイタイ病のように深刻な被害が発生したものもあった。わが国の鉱山は輸入金属に押されてほとんどがすでに閉山しているが，今でも廃坑からの排水の処理や亜硫酸ガスにより植生が破壊された傾斜面の崩落などが続いているところもある。

　工場等を発生源とする公害は，明治政府の掲げた富国強兵のもとに進められた殖産興業に始まる軍需産業や経済優先の工業化が背景にある。富国強兵とは経済力と軍事力の増強により国力を強化することであり，その具体策として殖産興業は産業育成による近代化を図るものであった。資源の少ないわが国は工業立国を目指し，とくに1945年以降の戦後の復興期からさらに豊かな生活を求めて生産活動が活発化し，その結果1950年代後半から1970年代前半には高度経済成長期を迎え，1968年には国内総生産（GDP）が世界第2位という経済大国になった。しかし，経済優先の陰で環境への配慮はおろそかになり，工場等からの排水による水質汚濁やばい煙による大気汚染など，各種の公害が発生するに至った。公害（鉱毒害を含む）は，環境の破壊のみならず，住民の健康被害いわゆる公害病を引き起こし，そのうち被害の大きかった水俣病，新潟水俣病，イタイイタイ病，四日市喘息を「四大公害病」という。また，この時期は四大公害だけでなく，工業用の地下水汲み上げによる地盤沈下や新幹線走行による沿線住民への騒音など，各種の産業に起因する公害が発生した。なお，大気汚染，水質汚濁，土壌汚染，騒音，振動，地盤沈下および悪臭をまとめて「典型七公害」という。

　深刻化する公害問題に対して，遅ればせながら典型七公害の総合的対策を定めた公害対策基本法が1967年に策定され，その後1970年代には公害に対する各種の規制法が策定された。法的規制が強まった結果，1973年の中東戦争による石油価格の高騰（オイルショック）の影響もあって，企業による公害防止や省資源・省エネルギーの技術の開発が行われ，国内では次第に産業型公害の改善が進み始めた。ただし，一部の企業はアジア諸国など公害規制の緩い国へ進出し，そこで公害を発生させたケースもあり，反公害運動の中で「公害輸

出」と非難されることもあった．

　一方，経済活動の活発化とともに都市への人口集中が進み，都市域での家庭下水による水質汚濁，増え続けるごみの問題および自動車排ガスによる大気汚染など，都市・生活型の環境問題が顕在化するようになった．この頃になると，産業型公害に対しては被害者であった生活者が環境破壊の加害者としての側面が強くなり，人口の多い都市域で生活者による大量消費・廃棄の結果がはっきりと環境問題として現れてきた．このような状況の中，下水道の整備，ごみの処理・処分および自動車排ガス規制などの環境対策が取られるようになり，従来の都市・生活型の環境問題も以前よりは改善されつつある．しかしながら，湖沼の水質汚濁やごみ処分問題は依然として深刻であり，さらに近年各地で発覚している土壌汚染，多種多様な化学物質による環境汚染や健康被害，土地開発等による生態系の破壊など，新たな問題が顕在化している．

　これらの地域環境問題とは別に，先進国がこれまでに排出した環境負荷と近年の途上国の経済発展や人口増加による環境負荷の増大が相俟って，環境への影響が大気圏を含む地球規模にまで達するようになり，地球温暖化やオゾン層破壊などの地球環境問題にまで拡大してきた．

　地球環境問題に関しては，ストックホルムでの1972年の国連人間環境会議から20年後，ブラジルのリオデジャネイロで1992年に「環境と開発に関する国連会議」（地球サミット）が開催された．地球サミットでは途上国と先進国との間で主張が異なり，「現在の温暖化やオゾン層破壊を引き起こした先進国が対策を取るべきで，途上国の工業化や森林伐採を制約するのはおかしい」という途上国の主張と「これまでの責任は否定しないが，途上国がかつての先進国と同様に経済優先では取り返しがつかなくなる」という先進国の主張がぶつかり合った．こうした議論の末，「環境と開発に関するリオ宣言」と行動計画である「アジェンダ21」が採択された．リオ宣言では各国の責任について「地球環境悪化への異なった寄与という観点から，差異ある責任」という考え方が示され，アジェンダ21では大気保全や森林保護などの具体的プログラムと先進国による資金援助や技術移転などの強化が示された．また，地球サミットから20年後にあたる2012年にはリオデジャネイロで「国連持続可能な開発会議」（リオ＋20）が開催され，環境と成長を両立させるグリーン経済をキー

ワードとする話し合いがなされた。

　地球温暖化については1997年に気候変動枠組条約第3回締約国会議（COP 3）が京都で開催され，2008年から2020年までに温室効果ガスの排出量を1990年比で5%以上削減することなどを規定した「京都議定書」が採択された。しかし，世界最大の温室効果ガス排出国であったアメリカが（2007年頃からは中国が最大），途上国に対する義務づけがないことおよび自国経済に負の影響をおよぼすとの理由で2001年に離脱した。気候変動枠組条約締約国会議は，1995年のドイツのベルリンでのCOP 1を皮切りに毎年開催されている。南アフリカ共和国ダーバンでのCOP 17（2011年）では，わが国は，途上国が求める京都議定書では包括的枠組みが構築されないとして，京都議定書の第二約束期間（2013年〜2018年）には不参加とした。なお，世界の温室効果ガス排出量（2011年）は中国・アメリカ・インド・ロシアに次いで日本が5番目に多い排出国である。

　このように地球環境問題においては，国の経済事情や立場の違い，あるいは先進国と途上国との考え方の違いなどによって，その対策の在り方や評価が大きく異なり，この問題の複雑さと解決の困難さが改めて浮き彫りにされた。

　さらに，わが国においては，2011年の東日本大震災による福島第一原子力発電所の事故により放射性物質が大気と海に放出され，放射性物質による汚染という新たな環境問題が発生した。大気に放出された放射性物質は広範囲の土壌を汚染し，周辺住民は長期間にわたる避難生活を余儀なくされている。この当時，環境基本法は第十三条で「放射性物質による大気汚染，水質汚濁及び土壌汚染の防止措置は原子力基本法で定めるところによる」としており，放射性物質による汚染を必ずしも環境問題として捉えていなかった。この事故はこれまでの原子力発電の安全管理の甘さを露呈し，放射性物質による汚染に対しては，原子力利用の視点からではなく，環境問題として対応する必要があることを認識させることとなった。その後，2012年6月に公布された原子力規制委員会設置法の附則により，環境基本法の第十三条は削除され，放射性物質による環境汚染を防止するための措置が環境基本法の対象となった。

2.1.2　産業型公害の概要

(1)　足尾銅山鉱毒事件（1900年頃）

　栃木県上都賀郡（現日光市）にある足尾銅山から鉱滓がたびたび洪水で渡良瀬川に流出し，鉱毒により河川や農地が汚染された。また，製錬所からの亜硫酸ガスは周辺の山林を枯らし，これが銅山開発の樹木伐採とともに洪水の原因にもなった。

　足尾銅山は1610年から360年近く続いた銅山であり，1877年に古河市兵衛（後に古河鉱業㈱）に経営が移ってから銅の生産量が伸び，日本最大の銅山として明治から昭和の軍需に後押しされて銅の供給に寄与した。

　その反面，鉱毒により農業は甚大な被害を受け，被害農民らは鉱毒除去・鉱業停止の請願書を政府に提出し，反公害運動を起こした。鉱毒の原因物質は銅イオンであったが，後にカドミウムや鉛も検出された。地元代議士の田中正造は帝国議会でこの問題を取り上げ，鉱毒被害の救済に奔走した。1900年には被害農民が請願のため上京の際に警官隊と衝突し，流血騒ぎが起きた（川俣事件）。その後，田中正造は代議士を辞職し，1901年に鉱毒事件について明治天皇に直訴するものの未遂に終わったが，その後も被害者とともに反対運動を続けた。これを機に世論は沸騰し，政府は救援活動や鉱毒予防工事などの対策を取り始めた。その中には渡良瀬川下流にある谷中村の鉱毒沈殿（洪水対策もあったと思われる）のための遊水池（渡良瀬遊水池）の築造もあったが，これは反対運動の中心となった谷中村を廃村にして運動の弱体化を狙ったものという指摘もあった。足尾銅山の洪水による鉱毒流出は1960年代になっても続き，閉山されたのは1973年のことであった。

　わが国の公害の歴史の中で，足尾銅山鉱毒事件は企業による環境破壊と住民の反公害運動を象徴する最初の公害として「公害の原点」といわれている。

(2)　四大公害

①　水俣病（1950年頃）

　熊本県水俣村（現水俣市）の日本窒素肥料㈱（後に新日本窒素肥料㈱，現チッソ㈱）の水俣工場からの排水により水俣湾周辺の不知火海がメチル水銀で汚染され，その海域で捕獲された汚染魚介類を長年食した住民が有機水銀中毒

症（水俣病）を発症した。また，母親の胎盤を通して発症する胎児性水俣病の患者も出た。水俣病はメチル水銀により神経系が侵され，運動失調，言語障害，感覚障害および知能障害などを引き起こす深刻な病気である。被害者数は「公害健康被害の補償等に関する法律」（公健法）による認定患者数が2010年時点で2,271人（熊本県1,780人，鹿児島県491人）である（環境省，2011年）。水俣病はわが国最悪の公害病といわれている。

　水俣工場は1918年に設置され，窒素肥料（硫安）の製造に用いられていたカーバイド（炭化カルシウム）を原料とするアセチレンからアセトアルデヒドを製造していたが，その工程で触媒の水銀がメチル化され，メチル水銀を含む排水が長年にわたり未処理で放流された。水俣湾に流出したメチル水銀は，食物連鎖によりプランクトン等を通して魚介類に蓄積・濃縮（生物濃縮という）された。周辺海域の漁民たちは何も知らずにその汚染魚介類を長年捕獲・食した結果，水俣病を発症した。しかも，発症していない母親から生まれた子供にまで運動失調や知能障害などの症状が現れ，メチル水銀が母親の胎盤を通して胎児に蓄積し発症する胎児性水俣病も起こすという深刻な公害病であった。水俣病の公式確認は1956年であるが，それ以前から汚染魚を食べていた猫が歩行困難などの異常な行動を示すことが確認されていた。しかし，水俣病の原因が特定されるまでには時間がかかり，感染症やセレン等による病気という説も出されるなど混乱が続いた。水俣病に対する政府見解が発表されたのは，患者の公式確認から12年後の1968年であった。その後，被害患者による提訴を受けてチッソ㈱の責任追及と補償交渉が始まったが，企業の責任逃れや政府の対応のまずさで裁判は難航し，和解が成立したのは1990年代半ばであった。

　水俣病の被害患者数は，上記の公健法認定患者のほか，行政上の救済措置としての総合対策医療事業の対象者が2010年時点で35,500人あまりである（環境省，2011年）。救済措置の対象者とは，公健法により認定されない者のうち救済措置の基準を満たし，知事または市長が認めた者をいう。また，2009年からは水俣病被害者のための新たな救済策として，特別措置法に基づく救済申請（申請期限2012年7月31日）も進められ，申請者は65,000人を超えた。

　現在の水俣湾は汚染ヘドロの浚渫や埋立て等の工事が行われ，1997年には安全宣言が出された。しかし，埋め立てたヘドロには水銀が残されたままであ

る。また，水俣に少し遅れて新潟の阿賀野川流域でも水俣病が発生し，さらに1970年前後にカナダ五大湖付近や中国吉林省の松花江流域，1990年代にはブラジルのアマゾン川流域など世界各地で水俣病の症状も示す水銀中毒症が発生している。水俣病は世界中で「Minamata Disease」として知られているが，わが国の経験がその再発防止に生かされていないのは残念である。

② **新潟水俣病（1960年頃）**

新潟県鹿瀬町（現阿賀町）の昭和電工㈱の鹿瀬工場からの排水により阿賀野川がメチル水銀で汚染され，その下流域で捕獲された汚染魚を摂取した住民が水俣病を発症したもので，新潟水俣病と呼ばれる。鹿瀬工場は1936年からアセトアルデヒドの製造を始め，その工程で副産物として生成されるメチル水銀を含む排水を阿賀野川に長年放流した。1960年頃から阿賀野川下流域一帯で水俣病に似た症状の患者が見られるようになり，これらの患者が水銀中毒であることが1965年に学会で発表された。この発表とマスコミ報道を受けて政府の調査が始まり，1968年に阿賀野川のメチル水銀に汚染された魚が原因であることが判明し，水俣病と断定された（新潟水俣病という）。新潟水俣病の認定患者数は2010年時点で698人であり，このほか救済措置対象者数が2010年時点で530人である（環境省，2011年）。

熊本の水俣病で症例データを積んでいたこともあり，新潟水俣病は原因物質の特定に要した時間は短くてすんだが，先の水俣病に対する政府の対応のまずさが新潟での再発を防げなかった一因といわれている。

③ **イタイイタイ病（1950年頃）**

岐阜県神岡町（現飛騨市）の高原川（神通川支川）右岸にある三井組（現三井金属鉱業㈱）の神岡鉱山からの廃水により，本川の神通川がカドミウムにより汚染され，そこから灌漑用水を取水していた富山県神通川流域の農地が汚染された。その結果，そこで栽培された米にカドミウムが蓄積し，この米を常食としていた農民が慢性カドミウム中毒症を発症した。カドミウムが体内に蓄積すると骨軟化症や腎臓障害を起こし，ひどくなると骨折を繰り返すようになった。被害患者が全身の激痛に耐えかねて「痛い，痛い」ということから「イタ

イイタイ病」といわれるようになった。認定患者数は知事認定を含めて 2011 年時点で 196 人であり，要観察者が 336 人となっている（富山県立イタイイタイ病資料館，2012 年）。

神岡鉱山は 1874 年以降三井組により経営され，その後大規模に銅や亜鉛を生産していた。イタイイタイ病は 1968 年に公害病として認定され，1972 年に損害賠償訴訟における三井金属鉱業の賠償責任の判決が出された。この間，カドミウムを含む鉱山廃水が長きにわたり放流されたものと推定される。ここでも企業の公害対策の遅れと政府の対応のまずさが被害を拡大させることになった。なお，イタイイタイ病は鉱山廃水による水質汚濁から土壌汚染にまで広がった公害であり，これがきっかけとなって 1970 年に「農用地の土壌の汚染防止等に関する法律」が制定された。

④ 四日市喘息（1960 年代）

三重県四日市市の石油化学コンビナートにある 6 企業（石原産業，中部電力，昭和四日市石油，三菱油化，三菱化成工業，三菱モンサント化成）の工場が排出したばい煙による大気汚染が原因で，周辺住民に激しい喘息発作が多発し（四日市喘息という），発作で死亡する人や心身の苦しみから自殺する人も出た。四日市喘息の主な原因物質は工場ばい煙に含まれる亜硫酸ガス（二酸化硫黄）であり，脱硫処置が不十分であったため亜硫酸ガスが年間 10 万トン以上排出されたといわれている。認定患者数が最も多かったのは 1975 年で約 1,100 人である（四日市市環境部，2012 年）。

四日市市は繊維産業の町であったが，戦後の重工業化政策によりわが国初の大規模な石油化学コンビナートが建設された。第 1 コンビナートが 1959 年に稼働を始めたが，その翌年にはばい煙や刺激臭などの被害が住民へ出始め，第 2 コンビナートが操業開始した 1963 年からは臨海部にまで大気汚染が拡大した。政府は特別調査団を派遣し，四日市市と楠町が 1966 年にばい煙規制法の第 2 次指定地域となった。翌年，被害患者 9 人により第 1 コンビナートの 6 社に対して責任追及と損害賠償の訴訟が起こされ，1972 年原告側が勝訴し，企業 6 社の共同不法行為としての過失責任が認められた。

(3) その他の公害
① 土呂久砒素公害（1950年頃）

宮崎県高千穂町の土呂久鉱山で行われた硫砒鉄鉱を窯で焼いて亜砒酸を製造する「亜砒焼き」により，重金属を含む粉塵や亜硫酸ガスが大気に排出され，それらが周辺住民の体内に取り込まれて皮膚色素異常や皮膚がんなどの慢性砒素中毒症を引き起こした。亜砒酸は毒性が強く，農薬の原料として製造されたが，日中戦争では毒ガスの原料としても使われた物質である。

土呂久鉱山の亜砒焼きは宮城正一により1920年に始められ，1962年の閉山後，住友金属鉱山㈱が鉱業権を買い取った。その後，被害者らは公害病を何度も告発したが，公的に認められることはなく，1975年に住友金属鉱山に対して裁判を起こした。裁判は15年もかかり1990年に和解した。認定患者数は187人（宮崎県，2012年）である。

また，宮崎県木城町の松尾鉱山でも日本鉱業㈱による亜砒酸製造が1934年から1958年まで断続的に行われ，鉱山労働者に慢性砒素中毒患者を出した。被害者6人は1972年に提訴し，1983年に日本鉱業に損害賠償を命じる判決が出た。松尾鉱山は，土呂久鉱山と同様な砒素公害を起こしたことから，「第2の土呂久」とも呼ばれた。

② 豊島産業廃棄物事件（1980年代）

瀬戸内海にある香川県土庄町の豊島に豊島総合観光開発㈱（豊島開発と略す）が産業廃棄物（産廃）を不法投棄し，その浸出水に含まれる重金属やダイオキシン等により土壌，地下水および海域が汚染された。豊島産廃事件は産廃量56万トン，投棄面積69,000 m^2に上り（佐藤雅也ら，2000年），わが国最大規模の産廃不法投棄事件である。

豊島開発は豊島に産廃処分地を有していたが，許可外の産廃であるシュレッダーダスト（廃棄自動車の解体後の粉砕くず），廃油および汚泥等の不法投棄を1980年頃から約10年間続け，その中には重金属，ダイオキシンおよび有機塩素化合物等の有害物質が相当量含まれていた。この間，香川県は立入検査を行っていたが，廃棄物の認定を誤り豊島開発への適切な指導監督を怠っていた。豊島開発は1990年に操業を停止し，残された産廃については香川県が隣

島の直島に建設する焼却・溶融処理施設で処理し，2016年度までに撤去することになった．

③ 食品・薬剤による健康被害

　食品や薬剤に含まれる有害物質による健康被害は，環境汚染を経なくても，直接多数の人の健康に被害を及ぼすことがあり，それぞれ食品公害や薬害と呼ばれている．食品公害や薬害は厳密には前出の公害とは違うが，社会環境問題として取り上げられることも多い．ここでは，食品公害として森永砒素ミルク事件とカネミ油症事件，薬害としてサリドマイド薬害事件を取り上げ，その概要を紹介する．

　森永砒素ミルク事件は，森永乳業㈱徳島工場で製造した粉ミルクに砒素が混入したため，1955年に岡山県を中心とする西日本一帯で12,100人を超える乳幼児が砒素中毒症（死者130人）になった事件で（旧厚生省発表，1956年6月），わが国最初の大規模な食品公害である．徳島工場はミルクに工業用の第二リン酸ソーダを乳質安定剤として添加していたが，それに不純物として砒素が含まれていたものである．使用された第二リン酸ソーダは，元は日本軽金属㈱がボーキサイトからアルミナを製錬する過程で取り出された砒素を含む廃棄物であり，これが関連業者を経て脱色精製され，工業用第二リン酸ソーダとして販売された．徳島工場はこの工業用第二リン酸ソーダを品質検査することなく食品に添加した．

　カネミ油症事件は，1968年に福岡県北九州市のカネミ倉庫㈱で製造した食用の米ぬか油に配管ミスでポリ塩化ビフェニル（PCB）が混入し，脱臭工程で高温加熱されたPCBからポリ塩化ジベンゾフラン（ダイオキシン）とコプラナーPCBが生成され，このダイオキシン類を含む米ぬか油を摂取した人々が色素沈着，手足のしびれ，肝機能障害などを発症した事件である．また，妊娠中に米ぬか油を摂取した患者から皮膚に色素が沈着した「黒い赤ちゃん」が生まれることもあった．PCBは鐘淵化学工業㈱（現㈱カネカ）により製造販売され，米ぬか油を加熱・脱臭するための熱媒体として用いられた．被害を訴えた患者数は約13,000人に上ったといわれるが（中央環境審議会，2006年），累計認定患者数は2012年度末で2,210人である（厚生労働省，2013年）．

サリドマイド薬害事件は，大日本製薬㈱（現大日本住友製薬㈱）がサリドマイドを配合した睡眠薬「イソミン」と胃腸薬「プロバン M」を開発・販売し，特に「妊婦にも安全」と宣伝したため，1959 年頃からつわり防止に服用した妊婦から四肢欠損や聴覚障害をもった赤ちゃんが生まれた。サリドマイドは 1957 年にドイツのグリュネンタール社が開発した睡眠剤であるが，大日本製薬は独自の製法を開発し，睡眠薬や胃腸薬として販売した。その後，ドイツやわが国で妊婦がサリドマイドを服用すると胎児に奇形が出ることが報告され，大日本製薬は 1962 年に当該薬品の販売を停止したが，回収が不十分で，その後も被害が続いた。わが国の被害者数は約 1,000 人といわれ，このうち認定患者数は 1969 年で 309 人である（日本臨床血液学会，2004 年）。なお，サリドマイドはハンセン病の合併症である皮膚病や各種の難治性疾患の治療に効果があることがわかり，アメリカでは 1998 年に，わが国では 2009 年に販売が再開された。

サリドマイド薬害事件のほか，整腸剤のキノホルムが原因のスモン病薬害事件（1960 年代後半）や血友病患者に使用された血液凝固剤（非加熱製剤）が原因の薬害エイズ事件（1980 年代）など，その後も薬害は発生している。

2.2 地域環境問題とその発生の仕組み

2.2.1 大気汚染

わが国の大気汚染（air pollution）は，高度経済成長期（1950 年代後半～1970 年代前半）は工場や火力発電所等からのばい煙（固定発生源という）が主な汚染源であったが，その後固定発生源に対する汚染対策が進展したものの全国的な自動車の普及に伴い，今日では自動車排出ガス（移動発生源という）が主な汚染源となるケースが多くなった。わが国には自動車排出ガスに対する厳しい規制があり，排気管の汚染物質除去フィルターや燃料の品質改良により汚染状況は改善しているが，自動車台数の急激な増加や大型ディーゼル車への対策の遅れなどから，都市部の道路沿線では必ずしも良好ではない地域がある。

大気汚染に係る環境基準（大気環境基準）は，大気汚染 5 物質（二酸化窒

素，二酸化硫黄，一酸化炭素，浮遊粒子状物質，光化学オキシダント），有害大気汚染物質（ベンゼン等），ダイオキシン類および微小粒子状物質について定められている。基準物質の監視は全国の有効測定局（年間測定時間が6,000時間以上の測定局）で行われ，測定局は一般環境大気測定局（一般局）と自動車排出ガス測定局（自排局）に分かれる。自排局は自動車交通量の多い道路付近に設置され，一般局はそれ以外の地域に設置される。大気汚染5物質の常時監視の結果は，環境基準に照らして測定を行った日または時間についての短期的評価と年間にわたる長期的評価が行われる。なお，大気環境基準は，工業専用地域，車道その他一般公衆が通常生活していない地域または場所には適用されない。

本項では大気汚染物質として窒素酸化物・硫黄酸化物，浮遊粒子状物質・微小粒子状物質および光化学オキシダントを取り上げて説明する。

(1) 窒素酸化物・硫黄酸化物

窒素酸化物（NO_x：ノックスという）とは主に一酸化窒素（NO）や二酸化窒素（NO_2），硫黄酸化物（SO_x：ソックスという）とは主に二酸化硫黄（SO_2）をさし，これらは化石燃料に含まれている窒素分や硫黄分が燃焼時に酸化されて発生する。発生源としては固定発生源と移動発生源があるが，SO_2は火山の爆発による放出ガスにも含まれ，火山ガスが一時的に発生源となることがある。自動車から排出されるNO_xは90％以上がNOであるが，大気中で酸化されてNO_2になる。大気中に排出されたNO_xやSO_xは喘息や気管支炎などの呼吸器系疾患を引き起こすことがあり，また酸性雨の原因物質でもある。

大気環境基準の大気汚染5物質のうち，NO_2は「1時間値の1日平均値が0.04 ppmから0.06 ppmまでのゾーン内またはそれ以下であること」，SO_2は「1時間値の1日平均値が0.04 ppm以下であり，かつ，1時間値が0.1 ppm以下であること」となっている。汚染物質濃度のppm（parts per million）は10^{-6}のことで，当該物質と空気に対する気体の体積比（cm^3/m^3）を意味している。測定局での監視結果の長期的評価について，NO_2は年間にわたる1時間値の1日平均値のうち低いほうから98％に相当するもので評価し，SO_2は年間にわたる1日平均値の高いほうから2％の範囲にあるものを除外して評価

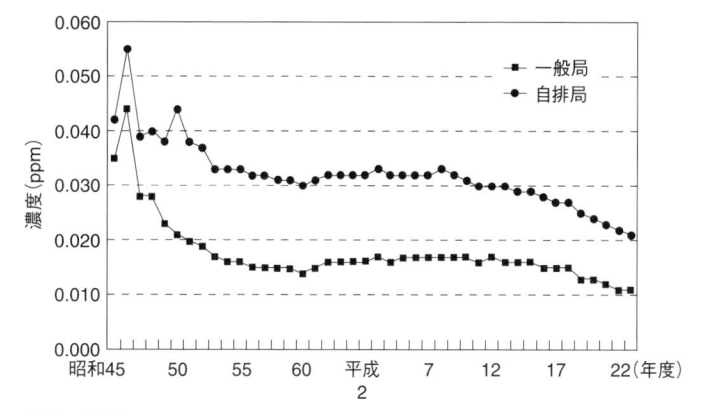

資料：環境省

図 2.1　二酸化窒素濃度の年平均値の推移

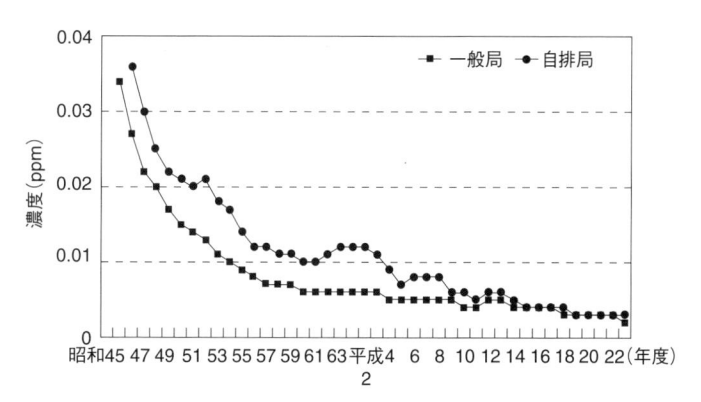

資料：環境省

図 2.2　二酸化硫黄濃度の年平均値の推移

する。

　わが国における NO_2 と SO_2 の年平均値の推移はそれぞれ図 2.1 と図 2.2 のとおりであり，いずれの物質も 1970 年代（昭和 45 年～）に大きく改善され，その後は緩やかな改善または横ばい傾向にある。近年の環境基準の達成状況は，NO_2 が一般局で 100％ および自排局で 90～98％ 程度，SO_2 が一般局・自排局ともにおおむね 100％ の達成である。NO_2 基準を達成していない自排局は主

に首都圏と中京圏に分布しており，都市部の一部地域で自動車排出ガスによる大気汚染が続いている。

(2) 浮遊粒子状物質・微小粒子状物質

大気中に浮遊する粒子状物質（PM：particulate matter）のうち，粒径が10 μm以下のものを浮遊粒子状物質（SPM：suspended particulate matter），粒径が2.5 μm以下のものを微小粒子状物質（PM 2.5）という。PMには発生源から粒子の形で大気中に排出される一次粒子とガス状で排出されたものが大気中で粒子に変化した二次生成粒子がある。一次粒子は工場等からのばい塵やディーゼル車からのディーゼル排気粒子（DEP：diesel exhaust particle）および土壌の巻き上げなどに由来し，二次生成粒子はNO_x，SO_xおよび炭化水素などのガス状物質が大気中で化学反応により粒子に変化したものである。DEPはその質量の大部分を粒径0.1～0.3 μmの粒子が占め，PM 2.5に該当する。PM 2.5は粒径が非常に小さいため（髪の毛の太さの1/30程度），肺の奥深くまで入りやすく，肺がん，喘息等の呼吸器系疾患および循環器系疾患との関係が懸念されている。

浮遊粒子状物質（SPM）の環境基準は「1時間値の1日平均値が0.10 mg/m³以下であり，かつ，1時間値が0.20 mg/m³以下であること」とされている。

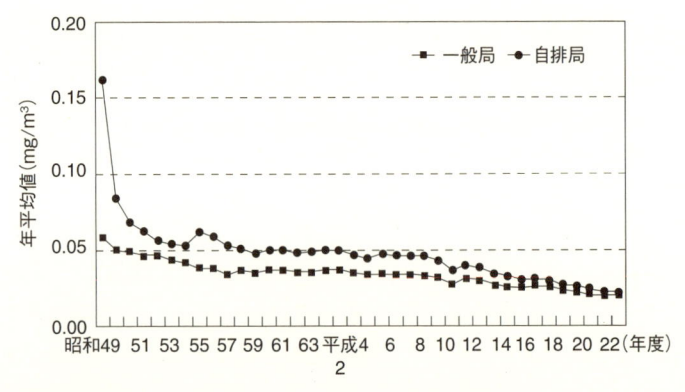

資料：環境省

図2.3 浮遊粒子状物質濃度の年平均値の推移

環境基準の長期的評価は，年間にわたる1日平均値の高いほうから2%の範囲にあるものを除外して評価する。SPMの年平均値の推移は図2.3のとおりであり，自排局で1970年代（昭和45年～）に大きく改善され，その後は一般局・自排局ともに緩やかな改善または横ばい傾向にある。近年の環境基準の達成状況は一般局・自排局ともに90～99%の範囲で達成されている。

微小粒子状物質（PM 2.5）の環境基準は「1年平均値が$15\,\mu g/m^3$以下であり，かつ，1日平均値$35\,\mu g/m^3$以下であること」とされている。この環境基準は2009年9月に告示されたもので，評価するには測定局数や測定年数が不十分であるが，環境基準の達成状況は一般局が32%および自排局が8%程度（2010年度）であり，多くの地点で環境基準が達成されていないと推測される。PM 2.5対策として，国は「自動車から排出される窒素酸化物および粒子状物質の特定地域における総量の削減等に関する特別措置法（2007年改正）」（自動車NO_x/PM法）を定め，また，首都圏（東京，埼玉，千葉，神奈川）と大阪・兵庫ではPM排出基準に適合しないディーゼル車の走行を禁止する条例を制定している。近年，中国の経済発展に伴う化石燃料消費の増加によって，PM 2.5を含む大気汚染物質の越境による汚染が問題視されており，東アジア地域全体で対策に取り組む必要も出てきている。

(3) 光化学オキシダント

光化学オキシダント（O_x）とは，自動車や工場等からの排出ガスに由来するNO_2が太陽光の紫外線を受けて光化学反応により生成されるオゾン（O_3）および非メタン炭化水素（揮発性有機化合物：VOC）との複雑な連鎖反応により生成されるパーオキシアセチルナイトレート（PAN）などの酸化性物質である。光化学オキシダントは，同様にNO_2から生成される硝酸ガスと混ざると光化学スモッグを局所的に発生させる（特に日差しが強く，気温が高く，風の弱い日の日中に発生しやすい）。光化学オキシダントは強い酸化力をもち，人が接触・吸引すると目やのどの痛みを生じ，ひどい場合には呼吸器系疾患に至ることもある。また，植物への悪影響も報告されている。

光化学オキシダントの環境基準は「1時間値が0.06 ppm以下であること」とされ，常時監視の結果は短期的評価のみを行う。また，光化学オキシダント

の1時間値が0.12 ppm以上で，気象条件からその状態が続くと認められる場合，光化学オキシダント注意報が発令される。光化学オキシダントの環境基準の達成状況は，昼間の日最高1時間値で，これまでのところ一般局と自排局を合わせても1%以下と低い水準となっている。光化学オキシダント注意報の発令日数の多いのは，埼玉県を初めとする関東地域であり，月別には8月が最も多く，次いで7月，6月である。

2.2.2 水質汚濁

　水質汚濁（water pollution）の監視・評価は，対象水域に設定された水質基点での測定結果を水質汚濁に係る環境基準（水質環境基準）に照らして行われる。その環境基準は「人の健康の保護に関する環境基準（健康項目）」と「生活環境の保全に関する環境基準（生活環境項目）」からなる。水質環境基準は公共用水域（河川，湖沼および海域であり，これに接続する公共溝渠や灌漑用水路を含む）と地下水を対象とし，健康項目は公共用水域と地下水に一律に適用されるのに対して，生活環境項目は公共用水域を対象に河川，湖沼および海域に分けてそれぞれ定められている。健康項目は人の健康被害に直接かかわる重金属類，有機塩素化合物および農薬などの有害物質の指標，生活環境項目は人の生活環境に係る有機性汚濁の指標と水生生物の保全に係る指標を定めている。有機性汚濁については代表的な指標であるBOD（河川）やCOD（湖沼，海域）のほか，湖沼と海域に対して窒素・リンの基準も定めている。水生生物保全については亜鉛やノニルフェノールなどの基準を定めている。また，生活環境項目は水域ごとに基準値を変えて2〜6段階の類型に分かれ，環境基準は対象水域にいずれかの類型を指定して設定される。これを水域の類型指定といい，類型は5年ごとに見直される。

　水域に流入する汚濁物質（汚濁負荷という）の汚染源は，生活排水，工場・事業場排水および畜舎排水などの特定汚染源（point source）と，農地，ゴルフ場および路面・屋根などから降雨によって流出する汚濁水の非特定汚染源（nonpoint source）に分けられる。特定汚染源は点として捉えられるので点源，非特定汚染源は面的広がりをもつので面源ともいう。特定汚染源は排水処理等により汚染防止対策を取れるが，非特定汚染源は面的広がりをもつことか

ら対策を取りにくいという特徴がある。

本項ではまず水質環境基準の達成状況の概要を紹介し，次に河川の汚濁，湖沼・海域の閉鎖性水域の汚濁および地下水の汚濁についてその仕組みを説明する。

(1) 水質環境基準の達成状況

全国の公共用水域の環境基準の達成状況を見ると（環境省 Web サイト参照），健康項目は 99% 前後の高い達成率を維持して良好であるが，近年追加された物質（1,4-ジオキサンなど）については今後も注意深い監視が必要である。生活環境項目については，たとえば図 2.4 の有機性汚濁の代表的な指標（BOD, COD）の達成率は水域により異なり，河川（BOD）は毎年少しずつ上昇して近年 90% 以上に達しているが，海域（COD）は長年 80% 前後で横ばいであり，湖沼（COD）は近年少し改善が見られるものの 53% 前後と低い水準に留まっている。河川の水質は下水道や浄化槽の普及により着実に改善されてきたが，湖沼や海域は閉鎖性水域への窒素・リンの流入による富栄養化が原因で水質があまり改善されていない。

地下水については，全国の調査井戸に対して環境基準の超過率の高い指標項

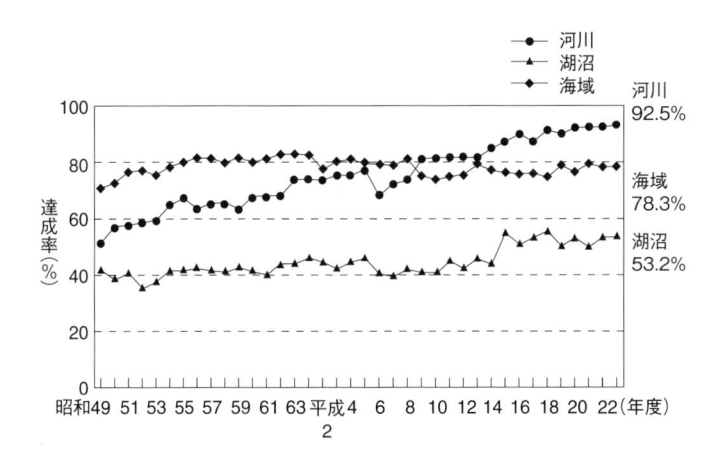

資料：環境省

図 2.4　水質環境基準達成率（BOD または COD）の推移

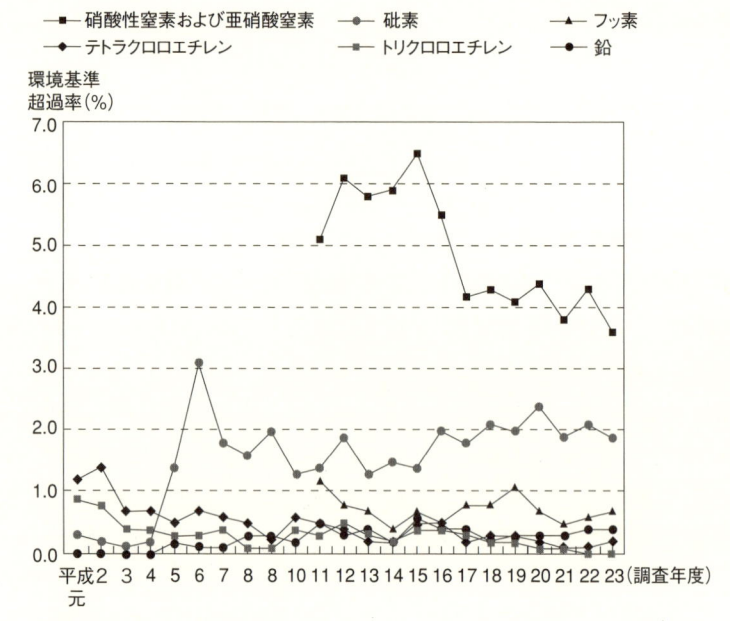

注:超過数とは,設定当時の基準を超過した井戸の数であり,超過率とは,調査数に対する超過数の割合である。
硝酸性窒素および亜硝酸性窒素,フッ素は,平成11年に環境基準に追加された。
資料:環境省

図 2.5 地下水の水質汚濁に係る環境基準の超過率（概況調査）の推移

目を整理した図 2.5 からわかるように，硝酸性窒素・亜硝酸性窒素の環境基準の超過率が 5% 前後と最も高く，その汚染源である施肥，家畜排泄物および生活排水への対策が課題となっている。この他に，砒素やフッ素は自然由来の可能性が高いが，テトラクロロエチレン等の事業場排水に由来する汚染も依然として見られている。

(2) 河川の汚濁

河川にはもともと流入した汚濁物質をある程度浄化する作用があり，これを自浄作用（self-purification）というが，汚濁物質の量がこの自浄作用の能力（環境容量）を超えると水質汚濁が発生する。河川の自浄作用は汚濁物質の微生物による分解（生分解），河床への沈殿・吸着および河川水による希釈によ

るものである。これら3因子うち，生分解は汚濁物質を分解・除去するため「真の浄化」といい，沈殿・吸着と希釈はそれぞれ汚濁物質の水中から河床への移動と水中濃度が薄まるものであるため「見かけの浄化」と呼ばれる。なお，汚濁物質の生分解には水中での微生物への酸素供給が不可欠であり，汚濁物質量が多くなると酸素不足で生分解が停止し，また，汚濁物質が難分解性や毒性が高い場合にも生分解は起こらない。

河川の水質汚濁は，主に生物化学的酸素要求量（BOD：biochemical oxygen demand）を指標として評価される。BOD は水中で微生物が有機性の汚濁物質を分解するのに要する酸素量（mg/L）であり，BOD が高ければそれだけ有機性汚濁の程度が高いことを意味する。たとえば，BOD が 3 mg/L 程度までの河川はきれいであり，それを超えるにつれて汚濁が目立つようになる。水質環境基準の生活環境項目は水域ごとに類型に分かれ，河川には BOD でいうと基準値 1〜10 mg/L の範囲で 6 段階の類型（AA，A，B，C，D，E）が設定されている。上記例の BOD が 3 mg/L の河川は B 類型（BOD は 3 mg/L 以下）を満足し，この程度までならアユやサケが生息できる。なお，C 類型（BOD は 5 mg/L 以下）程度の水域になると汚濁を感じるようになるが，比較的汚濁に強いコイやフナは生息できる。

河川の汚染源は主に生活排水や工場排水などの特定汚染源であり，前述のとおり，河川の水質は下水道や浄化槽の整備および工場排水の処理により着実に改善されてきた。わが国の生活排水の処理は，地域の実情に応じ，下水道，浄化槽，農業集落排水処理施設およびコミュニティプラントで行われており，汚水処理人口普及率でいうと近年は約 87％ であり，その内訳はおおむね下水道が 75％ で浄化槽が 10％ である。ただし，汚水処理人口普及率は大都市と中小都市で格差があり，人口 5 万人未満の市町村は 73％ 程度に留まっている。また，生活排水は台所や風呂等からの雑排水とトイレからのし尿に分けられるが，し尿のみを処理する単独処理浄化槽の合併処理浄化槽（雑排水とし尿を処理）への転換が急がれている。一方，工場排水には排水基準が定められており（排水量 50 m³/日未満の小規模工場を除く），自前の処理施設で処理するか，除外施設で下水排除基準にまで処理してから下水道に流す方法によって，全国的に汚染防止対策が取られている。

(3) 湖沼・海域の閉鎖性水域の汚濁

湖沼や海域の内湾・内海は，外部との水の出入りが少なく停滞しているので，閉鎖性水域と呼ばれ，その水質汚濁の主な原因は富栄養化（eutrophication）である。富栄養化は，水中の窒素やリンなどの栄養塩の濃度が高くなり，特定の藻類（植物プランクトン）が栄養塩を摂取しながら光合成により異常に増殖し，水面付近でマット状に広がる現象である。藻類の異常増殖は，湖沼では青緑色の藻類が湖面に広がるアオコ，海域では赤褐色の藻類が海面に広がる赤潮と呼ばれ，水質や水産業に大きな問題を引き起こす。富栄養化の原因物質である窒素やリンは，流域内の排水や河川を通して流入するものであるが，水域底部の堆積物から溶出することもある。

富栄養化の現象を簡単に説明すると，図2.6に示したように，閉鎖性水域に流入した窒素やリンにより短期間で栄養塩濃度が高くなり（この状態を富栄養という），藻類が盛んに光合成を行って異常増殖し，藻類を餌とする動物プランクトン，さらにそれを餌とする魚類が増えてくる。これらの藻類，プランクトンおよび魚類はいずれ死滅し，魚類の排泄物を含めて，多量の有機物が水域内を沈降する過程で好気性細菌によって分解されるが，その際水中の酸素が消費され，やがて酸素がなくなると魚類を含め水生生物が生息できない状態となる。この無酸素の水塊が移動すると，その先々で同様な状況となる。嫌気環境になった水域では，やがて底部にヘドロ状に堆積した有機物が嫌気性細菌によ

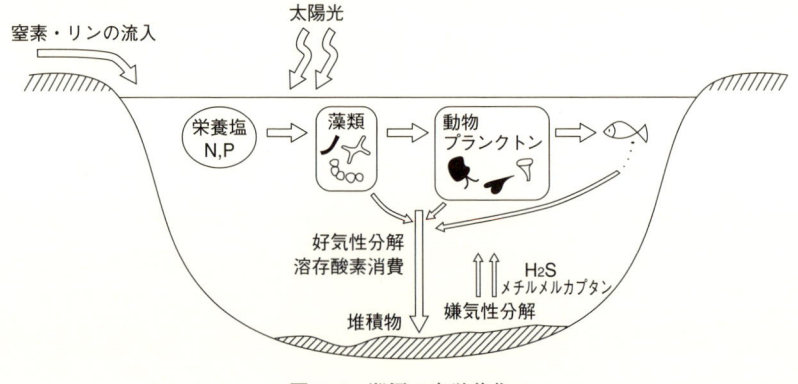

図2.6 湖沼の富栄養化

り分解され、その結果硫化水素（腐った卵のような臭い）やメチルメルカプタン（腐った玉ねぎのような臭い）などの悪臭ガスが発生するようになる。ここまで来ると、その水域は水資源、水産資源あるいは観光資源として極めて価値の低いものになる。

　生活排水や畜舎排水および一部の工場排水は窒素・リンを含み、これらの排水の流入が富栄養化の主な原因であるが、施肥をする農地等の非特定汚染源から窒素・リンが流入することもある。前述のとおり、現在では下水道や浄化槽等により排水処理が広く行われているが、それでも排水が窒素・リンの供給源になっているのは、その多くの処理施設が活性汚泥法という有機物の除去を目的とした二次処理であり、窒素・リンをほとんど除去しないまま処理水を放流しているからである。窒素・リンを除去するには三次処理（高度処理）が必要であり、非特定汚染源の対策とともに、今後は排水処理の二次処理から高度処理への転換を図ることが求められている。

(4) 地下水の汚濁

　地下水は一般に地表水に比べて水質が良いが、これは降水が土壌を浸透する過程でろ過や土壌微生物による有機物の分解を受けて浄化されるからである。逆にいうと、地下水の水質は土壌の汚染に影響されることになる。地下水は重要な水源であり、わが国では上水道水源として約20%は地下水を利用しており、このほか工業用水や農業用水にも利用されている。

　地下水にかかわる環境問題として、高度経済成長期には、工業用水として大量に地下水を汲み上げたため、地盤沈下や地下水の塩水化が発生した。しかし、近年ではコンピュータの集積回路（IC基盤）や精密機械の洗浄剤・脱脂剤として使われるトリクロロエチレン（TCE）やテトラクロロエチレン（PCE、別名パークロロエチレン）による汚染が広がっている。また、PCEは身近な所でドライクリーニングにも用いられている。TCEとPCEは発がん性や毒性が指摘されており、環境基準は健康項目としてTCEが0.01 mg/L以下、PCEが0.01 mg/L以下となっている。TCEやPCEは水に対する溶解度が小さいため少しずつ溶け出し、地下水の汚染が長期化する傾向にある。

　このほか、硝酸性窒素や亜硝酸性窒素による地下水の汚濁が問題になってい

る。亜硝酸は体内に摂取されると血液中のヘモグロビン（酸素の運搬を担う成分）をメトヘモグロビンに変え，酸素が体中に行きわたらず呼吸障害を起こすメトヘモグロビン血症を発症する物質である。硝酸は体内に入ると，唾液や消化管内で亜硝酸に転換される。硝酸性窒素や亜硝酸性窒素による汚染の原因は，農地等での過剰な施肥や生活排水・畜舎排水の不適切な管理などにより窒素成分が地下へ浸透するためである。環境基準は健康項目の硝酸性窒素・亜硝酸性窒素として 10 mg/L 以下となっている。

2.2.3　土壌汚染

　土壌汚染（soil contamination）は，汚染の原因となる有害物質が，工場等での原料や薬品の不適切な取扱いにより漏出したり，大気汚染や水質汚濁を通じて 2 次的に土壌に負荷されたりして発生する。また，地盤にもともと含まれた有害金属類が溶け出し，土壌を汚染するという自然的要因の場合もある。土壌は水域や大気と比べて物質の移動性が低く，一旦汚染されると有害物質が土壌中に蓄積され，汚染が長期にわたることが多い。また，有害物質が汚染土壌から地下水に溶け出し，地下水の汚濁を併発しやすい。

　土壌汚染に係る環境基準（土壌環境基準）は，水質環境基準の健康項目に類して，重金属類，有機塩素化合物および農薬などの有害物質について定められている。ただし，土壌の汚染は農用地と市街地等で状況が異なるため，農用地に対しては特定有害物質としてカドミウム，銅および砒素の 3 物質に対する基準値が設けられており，たとえばカドミウムは米 1 kg につき 0.4 mg 以下となっている。土壌の汚染防止対策としては，農用地に対しては「農用地の土壌の汚染防止等に関する法律」，市街地等については「土壌汚染対策法」が適用される。自然的要因による土壌汚染については，土壌環境基準は適用されないが，環境省の技術的助言として土壌汚染対策法の適用が可能であるとされている。

　農用地の土壌汚染は，先の 2.1.2 項で説明した足尾銅山（足尾銅山鉱毒事件）や神岡鉱山（イタイイタイ病）の例に見られるように，その多くは鉱山廃水により汚染された河川水を灌漑用水として利用した農用地の汚染である。農用地汚染に関する実態調査によると，これまでに基準値を超えた農用地は 134

地域，7,575 ha（2010年度末）であるが，そのうち面積で約88%は農用地土壌汚染対策計画に基づく対策が完了している。

市街地等の土壌汚染は，有害物質使用特定施設に係る工場や事業場の跡地で発生することが多く，跡地利用のための汚染調査や地下水の常時監視によって汚染が発覚している。土壌環境基準または土壌汚染対策法の指定基準を超える件数は毎年増加しており，近年では約1,780件の調査数に対して45%が基準を超過している。市街地等の土壌汚染の典型例として，築地にある東京都中央卸売市場の移転先である豊洲（東京ガス工場跡地）の土壌汚染がある。豊洲の土壌と地下水からはベンゼン，シアン化合物，鉛および砒素などの汚染が確認され，表層土壌からベンゼンが最高で環境基準の43,000倍の濃度で検出された。この土壌汚染の対策として汚染土壌の掘削・浄化や地下水の揚水・浄化などの工事が行われ，その費用は586億円とされている。汚染された土壌の土地はその土壌が浄化されるまでは利活用ができないことになっており，近年土壌汚染により利用できないまたは著しく利用価値の低下した土地（ブラウンフィールド）が増加し，土地利用に新たな問題を投げかけている。

2.2.4 廃棄物問題

廃棄物（waste）の問題は現代社会の負の面を典型的に現しており，大量生産・消費の経済活動に支えられた一見豊かな生活の裏で，わが国では国民1人1日あたり約1 kg（年間約4,500万トン）の家庭ごみを出しており，産業分野からは毎年約4億トンの廃棄物が排出されている。これらの廃棄物は，一部の循環利用と中間処理の後，最終的に埋立て処分されているが，新たな埋立て用の土地の確保は困難な状況であり，最終処分場の残余年数はあと20年分もないといわれている。

廃棄物処理法によると，廃棄物とは「ごみ，粗大ごみ，燃え殻，汚泥，ふん尿，廃油，廃酸，廃アルカリ，動物の死体その他の汚物又は不要物であって，固形状又は液状のもの（放射性物質及びこれによって汚染された物を除く）」と定義されている。また，廃棄物は，その排出者や管理者等の違いによって，家庭等から出る一般廃棄物（一廃と略される）と産業活動から出る産業廃棄物（産廃と略される）に分けられ，その処理責任はそれぞれ市町村と事業者にあ

る。廃棄物は天然資源を原材料とした製品の製造過程または使用後に排出されるものであり，廃棄物の発生を抑制するには資源の効率的使用や循環利用が極めて重要である。すなわち，循環型社会を構築するためには，どれだけの資源を採取，消費，廃棄しているかという全体的な物質フローを知ることが第1歩となる。

本項ではわが国の物質フローの概要を整理し，次に一般廃棄物と産業廃棄物の発生量やリサイクルについて説明する。なお，地震災害等により発生するがれき（災害廃棄物）は割愛し，放射性廃棄物は後出の「2.2.6　放射性物質汚染」で概説する。

(1)　物質フロー

わが国の物質フローは，図2.7に示したように国内・輸入資源等と循環資源を合わせた総物質投入量が約16.1億トンおよび含水等が2.7億トンであり，そのうち7.1億トンが建物や社会インフラなどの形で蓄積されている（2010年度）。また，1.8億トンが製品等で輸出され，エネルギー消費と工業プロセス排出で3.2億トン，食糧消費で0.9億トンおよび廃棄物等として5.7億トンである。発生した廃棄物等のうち循環利用されているのは2.5億トンで，総物質投入量のうち天然資源等は13.7億トンである。資源の循環利用率（＝循環利用量/(循環利用量＋天然資源等投入量)）は約15%であり，過去20年でおおむね2倍になっている。一方，発生した廃棄物等のうち埋め立てられた最終処分量は約0.2億トンであり，図2.8に示したように過去20年でおおむね1/6（17%）にまで減少している。資源の使用量は経済状況により変動するが，引き続き長期的に循環利用率を向上させ，資源の効率的使用と廃棄物の発生抑制を図ることが重要である。

(2)　一般廃棄物

一般廃棄物にはごみとし尿があり，ごみは生活系ごみと事業系ごみに分類され，さらに爆発性，毒性，感染性等の性状を有するものは特別管理一般廃棄物として処理基準が区別される。事業系ごみとは事務所や飲食店等から排出されるごみである。特別管理一般廃棄物にはPCBを含む家電部品，ダイオキシン

2.2 地域環境問題とその発生の仕組み　37

平成22年度

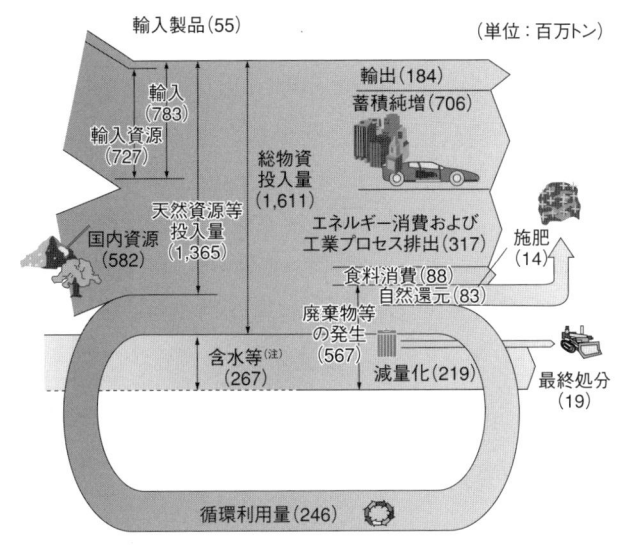

（単位：百万トン）

輸入製品(55)
輸入(783)
輸入資源(727)
国内資源(582)
天然資源等投入量(1,365)
総物資投入量(1,611)
輸出(184)
蓄積純増(706)
エネルギー消費および工業プロセス排出(317)
食料消費(88)
施肥(14)
自然還元(83)
廃棄物等の発生(567)
含水等(注)(267)
減量化(219)
最終処分(19)
循環利用量(246)

注：含水等：廃棄物等の含水等（汚泥，家畜ふん尿，し尿，廃酸，廃アルカリ）
　　および経済活動に伴う土砂等の随伴投入（鉱業，建設業，上水道の
　　汚泥および鉱業の鉱さい）
資料：環境省

図2.7　わが国における物質フロー

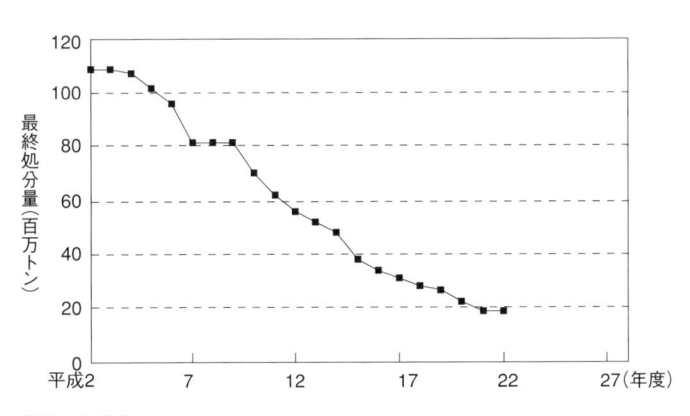

資料：環境省

図2.8　廃棄物の最終処分量の推移

類を含むばい塵・燃え殻・汚泥および感染性一般廃棄物がある。

わが国の一般廃棄物の近年の排出量は年間で約 4,500 万トンであり，これは平均すると国民 1 人 1 日あたり約 1 kg の排出量になる．ごみの排出量は経済状況とも関連し，図 2.9 に示したように，バブル景気（昭和 61 年頃〜平成 3 年頃）の時代に急激に増加し，一旦増加するとバブル崩壊後も 10 年間程度は横ばい状態が続いた．その後，循環型社会関連法の整備（表 4.1 参照）に伴い，ごみの排出量は減少し，近年はバブル景気前の状況に戻っている．

年間 4,500 万トンのごみは，生活系ごみが約 7 割，事業系ごみが約 3 割であり，その処理・処分は資源化されるもの，焼却により減量化されるもの，処理せずに直接埋め立てられるものに大別される．リサイクル率（＝資源化量/ごみの総処理量）は約 21% で，残りの大部分は焼却されるため焼却灰を含めた最終処分量は 11% 程度であり，近年減少傾向が続いている．しかし，一般廃棄物の最終処分場は，全国約 1,775 施設に対して残余年数が平均で 19.3 年分しかない（2010 年度末）．

ごみのリサイクル率は全体で 21% 程度であるが，容器包装（びん・缶，ペットボトル，プラスチック・紙製容器など）に限れば，分別収集見込み量に対して約 80% がリサイクルされており，このうちびん・缶はおおむね 90% 程度がリサイクルされている．ガラスびんは 1 回限りの使用を前提としたワンウェイびんと洗浄して繰り返し使うリターナブルびんに分けられる．ワンウェイびんは砕かれてカレット（ガラスを砕いたもの）として新しいびんの原料に再生利用（リサイクル）され，ビールびんや一升びんなどのリターナブルびんはそのまま何度も再使用（リユース）される．一方，ペットボトルは，市町村以外に事業者による回収を含めると，約 72% が回収されている．回収されたペットボトルは中間処理として箱型に圧縮されてリサイクル業者に引き取られるが，消費者は回収箱に出す際に『ペットボトルのキャップとラベルをはずす』というルールを守ることが重要である．キャップ付のペットボトルは圧縮時に爆発のおそれがあり，また，ラベルはボトル本体と材質が違うので再生時の黄ばみや破損の原因となる．ボトル本体はポリエチレンテレフタレート（PET）を原料とするポリエステルであり，キャップやラベルはポリエチレンやポリプロピレンである．ペットボトルのリサイクルは化学繊維のフリースと

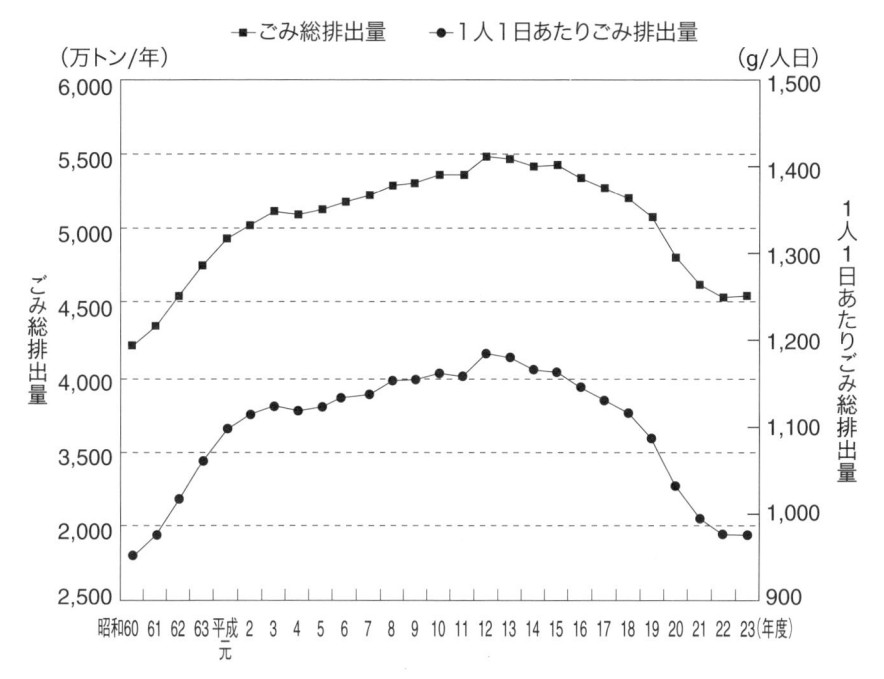

注:「ごみ総排出量」=「計画収集量＋直接搬入量＋資源ごみ集団回収量」である。
資料：環境省

図2.9　ごみ総排出量と1人1日あたりごみ排出量の推移

しての利用のほか，再びペットボトルにする「ボトル to ボトル」も実用化されている。

特別管理一般廃棄物のうち，ダイオキシン類はごみ焼却による塩素系プラスチックの燃焼が主な発生源と考えられており，低温域で燃焼させる小型焼却炉で発生しやすい。ダイオキシン類は非意図的に発生する物質であるが，毒性が極めて高く，環境中に放出されると深刻な健康被害を引き起こすおそれがある。わが国では，都市ごみ焼却炉の灰からダイオキシン類が検出されたという報道が契機になって，法整備が進み，ごみの野外焼却の禁止，焼却炉の構造基準の強化および小型焼却炉に対する排出規制などの対策が取られた。その後，ごみの焼却は広域処理施設等で高温燃焼（800℃ 以上）がなされるようになり，近年では大気のダイオキシン類の環境基準は100% 達成されている。詳細

は後出の「2.2.5　化学物質汚染」で説明する。

　し尿については，下水道や浄化槽の普及により水洗化人口が約92％（2010年度）を占め，非水洗化人口8％から排出されるし尿は，汲み取り後，し尿処理施設や下水処理場などで処理されている。約800万基ある浄化槽からの汚泥（浄化槽汚泥）も，汲み取り後，し尿処理施設や下水処理場などで処理される。なお，し尿処理施設で発生する汚泥は一般廃棄物，下水処理場で発生する下水汚泥は産業廃棄物として取り扱われる。

(3)　産業廃棄物

　産業廃棄物は事業活動に伴って排出される廃棄物のうち，燃え殻，汚泥，廃油，廃酸，廃アルカリ，廃プラスチック類，その他政令で定めるものであり，このうち爆発性，毒性，感染性等の性状を有するものは特別管理産業廃棄物として処理基準が区別される。特別管理産業廃棄物には廃油，廃酸，廃アルカリ，感染性産業廃棄物および特定有害産業廃棄物（廃PCB等，廃石綿等，重金属やダイオキシン類を含むもの）がある。

　わが国の産業廃棄物の排出量は年間4億トン前後でほぼ横ばいであり，その処理・処分は再生利用量が53％，中間処理（焼却，破砕，脱水等）による減量化が43％および最終処分量が3％である。最終処分量は直接最終処分されるものと中間処理の残渣の合計であり，直接最終処分されるのは2％程度である。しかし，産業廃棄物の最終処分場の残余年数は全国平均で13.6年分であり，首都圏では4.0年分しかない（2010年度末）。

　産業廃棄物の排出量を業種により大別すると，排出量の多い順に電気・ガス・熱供給・水道業，農林業および建設業であり，この上位3業種で総排出量の約6割を占めている。種類別には，汚泥が最も多く4割を占め，次いで動物のふん尿およびがれき類であり，この上位3種類で総排出量の約8割を占めている。また，産業廃棄物の再生利用率は53％であり，一般廃棄物の21％に比べれば高い。業種別にみると，たとえば，建設廃棄物のうちコンクリート塊とアスファルト・コンクリート塊の再資源化率は95％以上であり，食品製造業から発生する食品廃棄物の83％は再生利用されている。

　特別管理産業廃棄物である特定有害産業廃棄物のうち，廃PCB等はポリ塩

化ビフェニル（PCB）を使用したトランス，コンデンサ，安定器および廃油等である。PCBは電気絶縁性に優れ，変圧器や蛍光灯の安定器等に広く使用されたが，毒性（発がん性，催奇性）が高く，わが国では1975年にPCBの製造・使用が禁止された。PCBの処理が2000年頃から全国5カ所の拠点的広域処理施設で進められているが，現在でも各地でPCB廃棄物が大量に保管されている。廃石綿等は石綿建材の除去等で飛散するおそれのあるものである。石綿（アスベスト）は耐熱性に優れ安価であるため，建築資材等に広く使われてきた。しかし，石綿繊維は髪の毛の5,000分の1程度の細さで，空中に飛散しやすく，飛散した石綿繊維を長期間吸入すると肺がんや中皮腫の誘因となることがわかり，わが国では2011年に石綿の製造・使用が完全に禁止された。

産業廃棄物の不法投棄は，かつて年間40万トンを超えることもあったが，不法投棄の判明分に限れば近年は減少傾向にある。不法投棄されているのは建設廃棄物が最も多く，2010年度に判明した不法投棄量6.4万トンの約75%を建設廃棄物が占めている。

2.2.5 化学物質汚染

現代の私たちの生活は多くの物に支えられているが，その物の生産には多種多様な化学物質が使われている。わが国で流通している化学物質は，工業的に生産されているものだけで数万種に及ぶといわれ，新規化学物質の製造・輸入の届出数は毎年増え続けている（2011年度は764件）。ここに，化学物質とは元素または化合物に化学反応を起こさせることにより得られる化合物（放射性物質を除く）をいう。化学物質は今や生活や生産活動に不可欠であるが，その中には有害なものも多く，その製造，流通，使用，廃棄の各過程で適切な管理が行われないと環境汚染を引き起こし，人の健康や生態系に重大な悪影響を及ぼすことになる。カネミ油症事件におけるPCB汚染はその典型例であり，これが契機になって「化学物質の審査及び製造等の規制に関する法律」（化審法）が制定され，化学物質汚染（chemical contamination）を防止するための規制が取られるようになった。しかし，新規化学物質が増え続ける中で，化学物質の環境リスクと暴露に対する解明が追いつかない状況である。

本項では毒性の極めて高いダイオキシン類，広く一般に使用される農薬およ

び未解明な点が多い内分泌かく乱化学物質を取り上げ，化学物質による環境汚染について考える．

(1) ダイオキシン類

ダイオキシン (dioxin) 類とは，ポリ塩化ジベンゾ-パラ-ジオキシン (PCDD)，ポリ塩化ジベンゾフラン (PCDF) およびコプラナーポリ塩化ビフェニル (コプラナー PCB) をいう．これらは塩素置換された2個のベンゼン環からなるという共通の構造をもち，類似した毒性を示す．PCDDは，図2.10 に示したようにベンゼン環が酸素原子で結ばれた構造であり，置換された塩素の数と位置の組合せにより75種類の異性体が存在する．同様に PCDF には 135 種類，コプラナー PCB には 10 数種類の異性体が存在する．ダイオキシン類の毒性は異性体によって異なる．PCDD の一つである 2,3,7,8-テトラクロロジベンゾ-パラ-ジオキシン（2,3,7,8-TCDD）は史上最強の毒性をもつ化学物質といわれ，その毒性は発がん性，肝毒性，免疫毒性，生殖毒性などが報告されている．

ダイオキシン類による環境汚染の例としては，イタリア・セベソで農薬工場の爆発事故により除草剤合成時に生成されたダイオキシン類が広域に放出・飛散したもの（1976年頃），埼玉県所沢市で産業廃棄物の焼却炉からダイオキシン類が放出され周辺土壌を汚染したもの（1995年頃）などがある．また，ベトナム戦争時に米軍がジャングルの樹木を枯らす目的で空中散布した枯葉剤に 2,3,7,8-TCDD が副産物として含まれ，周辺一帯の環境汚染による健康被害や奇形児出産・発育異常が長年続いた悲惨な例もある．

ダイオキシン類の環境基準は，ダイオキシン類対策特別措置法に基づき，大

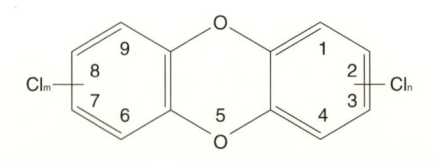

図2.10 ポリ塩化ジベンゾ-パラ-ジオキシン (PCDD) の構造

気が 0.6 pg-TEQ/m³ 以下，水質（公共用水域，地下水）が 1 pg-TEQ/L 以下，底質が 150 pg-TEQ/g 以下および土壌が 1,000 pg-TEQ/g 以下と定められている。ここに pg（ピコグラム）は 1 兆分の 1 g，TEQ は毒性等価量（toxicity equivalents）である。TEQ は相対的な毒性であり，各物質の実測濃度に 2, 3, 7, 8-TCDD の毒性を 1 としたときの毒性等価係数（TEF）を乗じて各異性体の等価量を求め，その合計を毒性等価量（TEQ）とする。毒性評価の対象となる異性体は PCDD が 7 種類，PCDF が 10 種類およびコプラナー PCB が 12 種類である。わが国のダイオキシン類に係る環境調査結果によれば，近年環境基準を超過するのは公共用水域の水質と底質であり（2010 年度は水質 1.6%，底質 0.5% が超過），大気や土壌は環境基準を満足している。なお，ダイオキシン類は水への溶解度が極めて低く（たとえば 2, 3, 7, 8-TCDD の溶解度は 19.3 ng/L，ng は 10 億分の 1 g），環境中では土壌や底泥に吸着されて存在する傾向にある。

　日常生活における人のダイオキシン類の摂取は，総摂取量の 90% 以上が経口摂取による。人が生涯にわたり摂取しても健康への害がないとされるダイオキシン類の 1 日あたりの摂取量を耐容 1 日摂取量（tolerable daily intake：TDI）といい，TDI は 4 pg-TEQ/体重 kg/日以下とされている。ダイオキシン類は食事，呼吸，土との接触などを通して体内に入ってくるが，わが国の人の平均的摂取量は 1 pg-TEQ/体重 kg/日以下と推定され，そのほとんどは食事（特に魚介類）を通しての摂取である。

(2) 農　薬

　農薬は，本来除草・殺虫等のための毒性をもつ化学物質であり，しかも意図的に環境中に放出されるものであるので，極めて厳重な取扱いが求められる。農薬はその有効成分の化学構造により有機塩素系，有機リン系，カーバメート系，トリアジン系などに分類され，毒性，残留性，生分解性および水への溶解性など性状が異なる。農地やゴルフ場に散布された農薬は，いずれ太陽光や微生物によりある程度分解されるが，一部は農作物や土壌に付着して残留する。農薬の取扱いが不適切であると，食品の残留農薬の問題を起こすことがあり，また土壌中の農薬が降雨によって流出し，広域的な水質汚濁や土壌汚染の原因

となるおそれがある。

　散布された農薬の多くは地表に落下するが，一部は飛散や蒸発により大気中に移行し大気の汚染物質となり，いずれ降雨により土壌や水域に移行する。土壌中での農薬は，有機物（フミン質など）や粘土鉱物に吸着され，微生物による分解や化学的な分解を受けて減少していく。しかし，農薬やその分解産物の中には，土壌中のフミン質や粘土と強く結合して長期間残留するものもある。水中での農薬は，その溶解性や物理化学的性質によって存在形態が異なるが，一般に微生物による分解や希釈を受けて減少する。しかし，一部の農薬やその分解産物は水中の生物への取込み・蓄積が見られ，食物連鎖による生物濃縮が懸念される。また，農薬や分解産物が水域の底泥に吸着され，水域中に長期間残留する場合もある。

　農薬は，農薬取締法に基づく登録制度により，販売・使用が規制されており，また作物残留，土壌残留，水産動植物の被害防止および水質汚濁に係る基準（農薬登録保留基準）が定められている。これまでに登録された農薬の累計件数は22,000件以上であり，このうち現在登録されている有効登録件数は約4,300件である。農薬取締法により水質汚濁性農薬として指定されているのはテロドリン，エンドリン，ベンゾエピン，ペンタクロロフェノール（PCP），ロテノンおよびシマジンの6種類であり，このうち登録農薬はベンゾエピン，ロテノンおよびシマジンである（その他は登録失効）。ただし，水質環境基準が定められている農薬はシマジン，チウラムおよびチオベンカルブの3種類であり，必ずしも農薬取締法との整合がとれていない。

　わが国で1950年頃から使用された有機塩素系農薬（BHC，DDT，アルドリン，ディルドリン，エンドリン）は，残留性が高いなどの問題があったため1971年に販売の禁止や制限が行われた。しかし，当時これらの農薬の無害化処理法が確立されておらず，農林水産省の指導に基づき地中に埋設処分された（これを埋設農薬いう）。埋設農薬は全国168カ所の約4,400トンである。これらの農薬は「残留性有機汚染物質に関するストックホルム条約」（POPs条約，2001年採択）の対象物質でもあり，国際的にも製造・使用の禁止および適切な管理と処理・処分が決められた。これを受けて，埋設農薬の無害化処理が開始され，このうち4,000トンは2011年度までに処理されたが，残る埋設

農薬の厳重な管理と早急な処理が求められている。

(3) 内分泌かく乱化学物質

内分泌かく乱化学物質（endocrine disrupting chemicals：EDC）とは，生体内にその物質が摂取された場合，あたかも生体内ホルモンのように働き，本来の生体内ホルモンの合成や機能を阻害（内分泌かく乱作用という）する化学物質をいう。生体内ホルモンは，合成・貯蔵・分泌され，血流などにより運ばれて必要な場所で作用を発揮し，その後は分解・排泄される。この内分泌の一連の過程に変化，たとえばホルモンの合成を阻害，作用を妨害または逆に作用を強めるなど，を起こすものである。内分泌かく乱化学物質は，環境中に存在し，生体内に入るとホルモン様作用を及ぼすので，環境ホルモンとも呼ばれる。

内分泌かく乱作用をもつと懸念される化学物質は複数ある。たとえば，船底の貝付着防止用の塗料として用いられたTBT（トリブチルスズ：1990年に使用禁止）は巻貝類の生殖器に異常を起こすと考えられている。殺虫剤として用いられたDDT（1971年に使用禁止）や耐熱絶縁体として用いられたPCB（1972年に製造禁止）は，すでに毒性が明らかな物質であるが内分泌かく乱作用も疑われている。また，人の生体内で合成された女性ホルモンは，人の内分泌系になくてはならないものであるが，これが排泄を通して環境中に出て，他の生物の内分泌系に作用することが懸念されている。

環境省は，1998年に「環境ホルモン戦略計画SPEED'98」に基づき調査研究を始め，さらに2005年から「ExTEND 2005」に基づく各種の取組みを進めている。その結果，メダカに対して四つの化学物質，すなわち界面活性剤の原料である4-ノニルフェノールと4-t-オクチルフェノール，プラスチック製品の原料樹脂であるビスフェノールAおよび殺虫剤のDDTは，内分泌かく乱作用を有することが推察された。また，人に与える影響については，合成女性ホルモンであり，医薬品（経口避妊薬，更年期障害の治療薬，流産防止薬）として使われたことがあるジエチルスチルベストロール（DES）による生殖器への影響，たとえば性器形成不全や精子濃度低下など，が懸念されている。

内分泌かく乱作用については未解明な点が多く，また免疫系・神経系などの

内分泌系とかかわりのある体内システムへの影響についても今後の調査や研究が必要である。わが国以外でも，米国やEUおよびOECD（経済協力開発機構）等で化学物質の内分泌かく乱作用の評価が順次進められており，その成果が期待される。

2.2.6 放射性物質汚染

放射性物質（radioactive material）による環境汚染は，主に核兵器開発・使用による汚染と原子力発電所（事故，運転に伴う廃棄物等）に起因する汚染があるが，ここでは後者を取り上げる。原子力発電所の事故により放射性物質が大気や海域に放出されると，大気や海域のみならず土壌や農産物に対しても広域的かつ長期的な汚染となり，極めて深刻な問題となる。先の2.1節で述べたように，わが国は放射性物質による汚染をこれまで原子力利用の視点から捉え，必ずしも環境問題として取り組んでいなかった。放射性物質の人の健康や生態系に及ぼす影響については未解明な点が多く，また，汚染土壌の除染や排水処理の技術にも多くの課題が残っており，今後の研究・開発と法整備が強く求められている。

本項では放射線と放射能に関する基礎情報を整理し，次に原子力発電所に起因する放射性物質汚染について説明する。

（1） 放射線と放射能

放射性物質はそれを構成する原子の原子核が不安定であり，安定な原子核になろうとして放射線を出す（崩壊する）物質であり，その放射線を出す能力を放射能という。放射線には粒子線（α線，β線，中性子線など）と電磁波（γ線，X線など）がある。原子は原子核とその周りを回っている電子からなり，原子核の中には陽子と中性子が存在する。同じ原子でも中性子の数が異なるものを同位体といい，このうち時間とともに陽子と中性子の数が変化するものを放射性同位体という。放射性同位体の例を挙げれば，ヨウ素（I-129, I-131, I-133）やセシウム（Cs-134, Cs-136, Cs-137）などがあり，元素記号につけた数値は陽子数と中性子数の合計（質量数）である。

放射能の強さは1秒間に崩壊する原子核の数で表され，ベクレル（Bq）と

いう単位を使うが，放射線の種類やエネルギーの大きさには関係しない。したがって，ベクレルが同じであっても，放射性物質の種類が違うと放射線の量は異なってくる。また，放射能の強さ（放射性同位体の量でもよい）が半分に減るのに要する時間を半減期といい，その長さは I-131 が 8 日，Cs-134 が 2.1 年および Cs-137 が 30 年であるが，ウラン（U-238）の約 45 億年のように数十億年かかるものもある。

　放射線の人体への影響量を実効線量といい，人体が放射線から吸収したエネルギーを基に放射線の種類と臓器への影響を補正して求める。具体的には，放射線が当たる物質の 1 kg あたり 1 ジュールのエネルギー吸収（1 J/kg）を単位（グレイ：Gy）として吸収線量を表し，実効線量は吸収線量に放射線の種類と人体の組織ごとの係数を掛けた線量（シーベルト：Sv）の合計として求める。放射線の種類によってエネルギーは大きく異なり，たとえば放射線を遮断するには α 線は紙 1 枚，β 線は厚さ数 mm のアルミ板で可能だが，γ 線や X 線には鉛や厚い鉄板，中性子線にはコンクリートや水の厚い壁が必要となる。また，体外から放射線を浴びることを外部被爆，放射性物質を含んだ食品の摂取やほこり等の吸引による体内からの被ばくを内部被爆という。内部被爆は外部被爆より桁違いに人体への影響が大きい。

　私たちは日常的に自然からの放射線を浴びており，この自然線量は世界平均で 1 人あたり 2.4 mSv/年であり，その内訳は宇宙から 0.39 mSv，大地から 0.48 mSv，空気中ラドンから 1.26 mSv および食物から 0.26 mSv である。自然線量は通常の生活では健康への影響はない。また，健康診断等でも体の一部が X 線照射を受け，1 回の検査あたり胸部 X 線で 0.05 mSv，胃 X 線で 0.6 mSv および CT スキャンで 6.9 mSv 程度である。わが国の国民 1 人あたりの平均被爆線量は 3.75 mSv/年であり，このうち自然線量が 39%（1.48 mSv），医療被爆が 60%（2.25 mSv）である。わが国の自然線量が世界平均より低いのは，空気中ラドンによる被爆は場所による変動が大きく，わが国ではそれが世界平均の 1/3 程度であるからである。国際放射線防護委員会（ICRP，1990 年）は，自然線量と医療線量を除外して，線量限度として一般公衆に対して 1 mSv/年，放射線作業者に対して 5 年間の平均値で 20 mSv/年（前提として 1 年間に 50 mSv を超えないこと）を勧告している。

広島・長崎の原爆被爆者に対する疫学調査によると，被爆線量が 100 mSv を超えるあたりから線量とともに発がんリスクが増加する。ICRP の推計では，100 mSv を被爆すると，生涯のがん死亡リスクが 0.5％ 増加するとされている。一方，100 mSv 以下の被爆線量では，他の要因の影響もあることから，発がんリスクの明らかな増加を証明することは難しいとされている。

わが国において放射性物質に係る環境基準は設定されていないが，福島第一原子力発電所の事故を受けて，現在環境基準の設定が検討されつつある。今のところ，放射性物質による人の健康影響に対しては，ICRP 線量限度の 1 mSv/年（自然線量と医療線量を除く）を準用している。また，食品中の放射性物質の基準（厚労省令・告示）は，線量限度 1 mSv/年を超えないように，放射性セシウム等（Cs-134, Cs-137, ストロンチウム 90, プルトニウム，ルテニウム 106）に対して，飲料水 10 Bq/kg，牛乳 50 Bq/kg，一般食品 100 Bq/kg および乳児用食品 50 Bq/kg 以下としている。

(2) 原子力発電所に起因する放射性物質汚染
① 原子力発電所事故による放射性物質汚染

原子力発電所の事故は，米国ペンシルバニア州のスリーマイル島原子力発電所（1979），旧ソ連・ウクライナのチェルノブイリ原子力発電所（1986 年）およびわが国の福島第一原子力発電所（2011 年）などで起きている。ここでは福島第一原子力発電所の事故による放射性物質汚染について，平成 24 年版環境白書の関連記述を参考にして概説する。

東日本大震災（2011 年 3 月 11 日発生）による東京電力福島第一原子力発電所の事故は大気中に大量の放射性物質を放出し，その放射性物質は風にのって広い地域に移動・拡散し地表に降下した。その広がり方は風向きによって一様ではなく，また，雨が降った地域では多くの放射性物質が降下した。降下した放射性物質は土，草木，建物，道路等の表面に付着したり，雨に流されて雨樋や側溝に集まったりした。これらの放射性物質による被爆線量が増加したため，原子力発電所から 20 km 圏内の居住者は避難・立ち退きを余儀なくされた。事故から 1 年 8 カ月後でも，空間線量率 19 μSv/h（年間積算 166 mSv に相当）を超える地域が帯状に原子力発電所の北西方向 25 km 付近まで続いた

（図2.11）。福島県を中心とする周辺地域の水域では，水質からは不検出が多かったが，底質は2,000 Bq/kg程度以下で広範囲に放射性セシウムが検出され，原子力発電所20 km圏内では10万Bq/kgを超える高い値が検出される地点もあった。また，農地の土壌にも放射性物質が含まれ，作物に取り込まれるなどの影響も出た。大気中に放出された放射性物質は，主にヨウ素のI-131とセシウムのCs-134とCs-137であり，このうち1年経っても広範囲に残って環境を汚染し，追加的被爆の原因となっているのはセシウムであった。

環境中にある放射性物質による被爆線量を低減する方法には，放射性物質を「取り除く（除去）」，「遮（さえぎ）る（遮蔽）」，「遠ざける（隔離）」の三つがあり，除染はこれらの方法を組み合わせて行う。具体的には，除去は放射性物

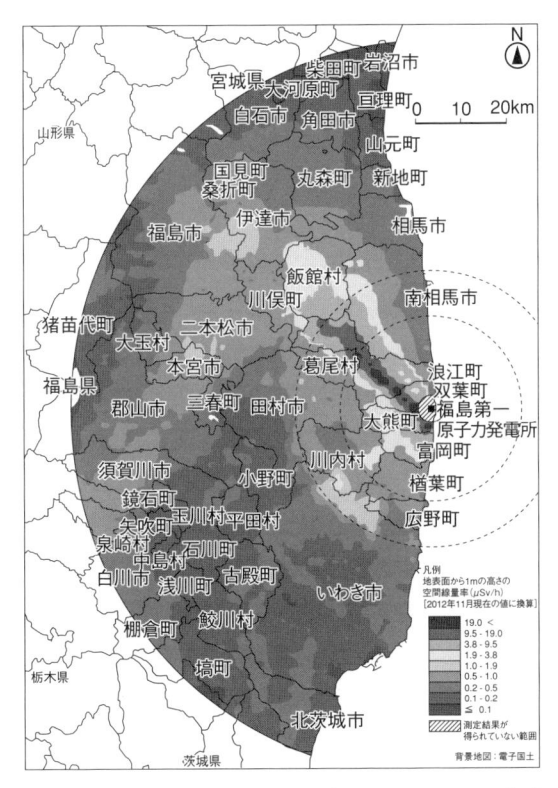

図2.11 航空機による放射性物質のモニタリングの結果
（地表面から1 m高さの空間線量率）

質が付着した表土の削り取り，枝葉や落ち葉の除去，建物表面の洗浄等である。遮蔽は放射性物質を土やコンクリートなどで覆うことで，放射線を遮る。隔離は，放射線の強さは放射性物質から離れるほど弱くなるので，放射性物質を人から遠ざけることである。除去された土壌や廃棄物は，大量の場合は一時的に中間貯蔵施設に保管し，最終的に放射線を遮蔽した処分場で埋立て処分することになる。可燃物を焼却する場合は，バグフィルター等の排ガス処理装置をもつ焼却施設で処理する必要がある。

　原子力発電所の事故により放出された放射性物質（事故由来放射性物質）による環境汚染が生じていることから，放射性物質汚染対処特措法に基づく環境省令（2012年）で事故由来放射性物質を含む廃棄物等の処理基準が定められた。この処理基準は事故由来放射性物質（Cs-134とCs-137）の放射能濃度が8,000 Bq/kg 超の廃棄物（特定廃棄物という）を対象とし，収集，保管，中間処理および埋立て処分に関する基準を定めている。また，特定廃棄物の仮置き場や処理施設等の周辺線量や排水・地下水等のモニタリングの措置も決めている。なお，放射能濃度が8,000 Bq/kg 以下の廃棄物については原子力基本法に基づく通常の処理方法で処理することになっている。

②　原子力発電所からの放射性廃棄物の処分問題

　原子力発電所では，事故の有無に関係なく，管理・運転に伴う放射性廃棄物が発生するが，その廃棄物は高レベル放射性廃棄物と低レベル放射性廃棄物に区分される。高レベル放射性廃棄物は，再処理施設において使用済燃料からウラン・プルトニウムを分離・回収した後の廃液と使用済燃料そのもの（再処理しない場合）である。それ以外の消耗品，廃水および廃器材等が低レベル放射性廃棄物であるが，放射能レベルに幅があり，比較的高いものも含まれる。なお，放射能が1,000 Bq/kg のクリアランスレベル（しきい値）以下の廃棄物は放射性廃棄物とはみなされず，産業廃棄物として扱われる。

　放射性廃棄物の処分は，その放射性を技術的に止めることはできず，基本的には廃棄物を密封容器に入れて地中処分する。高レベル放射性廃棄物は，使用済燃料を再処理する際の廃液または使用済燃料をステンレス容器に入れてガラス固化し（ガラス固化体という），ガラス固化体を収納管に入れて30～50年ほ

ど冷却のために貯蔵した後，地下300m以深の地層（岩盤）中に処分する（地層処分という）。低レベル放射性廃棄物は，ドラム缶に入れ，放射能レベルに応じて浅地中トレンチ処分，浅地中コンクリートピット処分および地下50～100mの余裕深度処分により埋設処分するが，比較的放射能レベルの高いものは地層処分する場合もある。

放射性物質の中には半減期が極めて長いものも存在する。放射能は半減期を経過すると元の半分になるが，残った放射能がさらに半分（元の1/4）になるには同じ期間がかかる。たとえば，半減期が30年であるCs-137は，60年後に消滅するわけではなく，30年後に50%，60年後に25%，90年後に12.5%と減少していき，安定同位体に落ち着くまでには長い期間を要する。高レベル放射性廃棄物の大部分の放射性物質は数百年の間にかなり減少するが，燃料のウラン鉱石と同程度の放射能にまで減少するには1万年程度はかかる。その間，最終処分地は安全に管理され，人間界から隔離されなければならない。低レベル放射性廃棄物でも比較的放射能の高い廃棄物については，放射能の減衰に応じた管理が必要であり，数百年にわたる処分地の管理が求められることもある。

わが国の原子力発電所から発生する放射性廃棄物は，一部の低レベル放射性廃棄物は最終処分されているが，大半は最終処分待ちの状態で各地に保管されている。放射性廃棄物の保管量は，2009年度末で高レベル放射性廃棄物のガラス固化体（400～500kg/本）が約1,660本，低レベル放射性廃棄物のドラム缶（200L容）が約850,000本である。

2.2.7 その他の環境問題

(1) 地盤沈下

地盤沈下（ground subsidence）は過剰な地下水の汲み上げにより起こる。地下水は雨水や河川水等が地下に浸透して砂れき層の帯水層に涵養されるが，この涵養量を超えて汲み上げると帯水層の水圧が低下し，その下部や上部にある粘土層の間隙水が帯水層に移動し，結果的に粘土層が収縮することによって地盤が沈下する。一度沈下した地盤は元には戻らず，地下水の汲み上げが続くと沈下量は年々増えていく。このため年間の沈下量は少しであっても，長期的

には建物の損壊や洪水時の浸水などの被害が起こる危険性がある。

わが国で年間2cm以上の地盤沈下は，2010年度が関東地域を中心に6地域で起きているが，これまでに全国64地域の日本全土で発生している。地盤沈下の特に著しい地域は関東平野北部，濃尾平野および筑後・佐賀平野であり，たとえば埼玉県越谷市弥生町では過去50年間で約180 cmの沈下が起きている。地盤沈下は長年継続して起きているが，高度経済成長期には工業用水や冷暖房用水として大量の地下水が揚水されたため激しい沈下が起きた。急速に沈下が進むにつれて，不同沈下（不等沈下ともいう）や抜け上がりによる建物の損壊や高潮等による浸水被害が生じ，地盤沈下は大きな社会問題となった。不同沈下とは沈下量が場所によって異なる地盤沈下のことで，これにより建物が傾いたり，路面に凹凸や亀裂を生じたりする。抜け上がりとは，杭基礎の建物の場合，建物は岩盤等により支えられているが，周辺地盤が沈下して相対的に高い位置になることで，ガス管や水道管等の埋設管が破断することがある。

地下水は貴重な水資源であり，わが国では工業用水82億 m^3/年の24%，水道用水158億 m^3/年の20% および農業用水546億 m^3/年の5% が地下水を利用している。地盤沈下の対策として，工業用水法や建築物用地下水の採取の規制に関する法律（ビル用水法）等によって揚水規制が取られ，近年では全国的に地下水位が上昇し，一部地域を除き，地盤沈下は沈静化の傾向にある。

(2) 騒音・振動

騒音（noise）と振動（vibration）は人間の感覚を直接刺激し，会話妨害，心理的不安あるいは睡眠障害など，日常生活や健康に悪影響を及ぼす。騒音と振動の大きさはいずれもデシベル（dB）を単位として表されるが，騒音は音の強さに聴感補正（周波数に対する人間の耳の感覚の違いの補正）をして求め，振動は振幅の大きさに周波数に対する人体の感覚補正をして求める。たとえば，騒音と振動の測定値が両方とも70 dB程度であっても，騒音としては騒々しい街頭レベルであり，振動としては吊り下げた電灯がわずかに揺れるレベルである。また，騒音においては人の最小可聴値は0 dBであるが，振動においては人が感じる最小値は55 dB程度であり，それより低くなると振動計に記録されても人体には感じない。

騒音に係る環境基準は，航空機騒音（昭和48年），新幹線鉄道騒音（昭和50年）およびそれ以外の騒音（平成10年）に分けて定められている。航空機騒音と新幹線鉄道騒音に係る環境基準は，それぞれ地域の用途（地域の類型）ごとに飛行場の周辺地域と新幹線鉄道の沿線区域を対象として定められている。ただし，自衛隊等の使用する飛行場の周辺地域については当該環境基準の達成は努力義務となっている。それ以外の騒音については，地域の用途（地域の類型）と時間の区分（昼間，夜間）ごとに基準値を定め，たとえば住居地域（AおよびB類型）は昼間が55 dB以下および夜間が45 dB以下であり，さらに一般道路に面する地域と幹線道路の近接地域については別途これよりやや緩い基準を設けている。また，騒音を具体的な発生源ごとに規制するため，騒音規制法（昭和43年）により，都道府県は工場・事業場騒音，建設作業騒音，自動車騒音および深夜騒音等（飲食店営業や拡声器使用による騒音）に対して個別に規制基準を定めている。

振動については，環境基準はないが，振動規制法（昭和51年）により，都道府県は工場・事業場振動，建設作業振動および道路交通振動に対して規制基準を定めている。

わが国の騒音・振動の現状としては，被害のひどかった高度経済成長期に比べると全体的に改善されているが，幹線道路の騒音環境基準の達成率は依然として低く，また，新幹線鉄道の沿線区域や飛行場の周辺地域では基準を超えている地域もある。

(3) ヒートアイランド

ヒートアイランド（heat island）現象とは，都市部の気温が郊外に比べて高くなる現象で，地図上で等温線を描くと高温域が都市部を中心に密になり島のような形状に分布することから，このように呼ばれる。都市化の進展に伴ってヒートアイランド現象が顕著になり，夏季は，猛暑日（日最高気温35℃以上）や熱帯夜（日最低気温25℃以上）の日数が増え，局地的な集中豪雨（ゲリラ豪雨ともいう）も発生する。冬季は，植物の開花時期の変化や感染症を媒介する生物が越冬可能となるなど，都市の生態系の変化も懸念されている。気象庁によると，ほとんどの観測所で長期的な気温上昇が確認されており，これ

は地球温暖化の影響もあるが，大都市は中小都市と比べて気温の上昇率が大きいことから，都市化による局地的な気温上昇，すなわちヒートアイランド現象と考えられている．気温上昇率は一般に夏季より冬季，最高気温より最低気温のほうが高く，過去100年間の気温上昇は2月最低気温で中小都市の2.4℃に対して，東京は6.0℃も上昇している．

　都市の気温を上昇させる要因としては，土地利用，建築物および人工排熱による影響がある．土地利用の影響は，主に昼間の気温上昇の要因であるが，都市では地表面がアスファルトやコンクリートで覆われ，地表面からの水分蒸発が減少するため，水分蒸発に伴う熱吸収（気化熱）による気温低下が妨げられることである．建築物の影響は，主に夜間の気温上昇の要因であるが，コンクリート建築物が日中に太陽光や地面の反射光等を吸収し，その蓄積した熱を夜間に大気に放出することである．また，建物の存在は地表面の摩擦を増加させ，地表付近の風速を弱めて熱が上空に運ばれにくくなる．人工排熱とはエアコンや自動車等からの排熱であり，人口の集中する地域の局所的な高温の要因となる．各要因の気温上昇への影響度は，気象庁による真夏の昼間のシミュレーション結果によると，土地利用の影響が最大で+2℃の昇温，建築物の影響が+1℃の昇温をもたらし，人工排熱の寄与は比較的小さい．

　ヒートアイランド現象を緩和するためには，緑地の増加や透水性舗装などにより地表面の蒸発散作用を高めること，建築物の表面に太陽光等を反射しやすい材質や塗装を用いたり，屋上や外壁面を緑化したりすること，海からの風の通り道を考慮した建物配置にすることなどが効果的である．また，人工排熱量を減らすにはエアコンの効率化や公共交通利用による自動車交通量の低減化などが挙げられる．

演習問題
1．わが国における四大公害を挙げ，その原因となった汚染源，原因物質および健康影響について説明せよ．
2．浮遊粒子状物質（一次粒子，二次生成粒子，PM 2.5）の定義を述べ，PM 2.5の健康影響を説明せよ．
3．湖沼の富栄養化の仕組みについて説明し，わが国における湖沼の水質環境基準達成状況と下水処理との関係を述べよ．
4．特別管理産業廃棄物の定義を述べ，そのうち特定有害産業廃棄物に該当する

廃 PCB と廃石綿の一般的な汚染源と健康影響を説明せよ．
5．内分泌かく乱化学物質の定義を述べ，その一つであるノニルフェノールの健康影響を説明せよ．
6．放射性物質による被爆線量を低減する三つの方法について説明せよ．
7．ヒートアイランド現象の仕組みとその緩和策について説明せよ．

参考文献
1）環境省編：環境白書平成 25 年版，日経印刷（2013）
2）環境省 Web サイト：http://www.env.go.jp/（2013）
3）広瀬武：公害の原点を後世に（入門・足尾鉱毒事件），随想舎（2001）
4）環境省（冊子）：水俣病の教訓と日本の水銀対策，平成 23 年 1 月（2011）
5）富山県立イタイイタイ病資料館：バーチャル展示室，http://itaiitai-dis.jp/（2013）
6）四日市市環境部環境保全課：四日市のかんきょう平成 24 年度（2012）
7）宮崎県：環境白書平成 24 年版，p.121（2012）
8）土呂久砒素のミュージアム：http://toroku-museum.com/（2013）
9）佐藤雄也ら：豊島産業廃棄物事件の公害調停成立，ちょうせい，総務省公害等調停委員会機関紙，第 23 号特集，p.2-9（2000）
10）中央環境審議会：国際的な循環型社会の形成に向けた我が国の今後の取り組みについて（中間報告），平成 18 年 2 月，p.6（2006）
11）厚生労働省：都道府県別カネミ油症認定患者数一覧，平成 25 年 5 月 31 日現在（2013）
12）日本臨床血液学会：多発性骨髄腫に対するサリドマイドの適正使用ガイドライン，厚生労働省関係学会医薬品等的背使用推進事業（2004）
13）財団法人いしずえ：http://www 008.upp.so-net.ne.jp/ishizue/index.html（2013）
14）原子力安全研究協会：生活環境放射線，p.143（1992）
15）環境省水・大気環境局：平成 22 年度全国の地盤沈下地域の概況（2011）

第3章
地球環境問題

　前章の環境小史で触れたように，先進国がこれまでに排出した環境負荷と近年の途上国の経済発展や人口増加による環境負荷の増大が相俟って，環境への影響が大気圏を含む地球規模にまで達し，さまざまな地球環境問題を引き起こしている。地球環境問題の現状評価と対策等は，1972年の国連人間環境会議に始まり，1992年の環境と開発に関する国連会議（地球サミット），さらに2012年の国連持続可能な開発会議（リオ+20）などで中長期目標を定めて，適宜課題ごとの国際会議にて検討されている。
　本章では，地球環境問題としてまず地球温暖化，オゾン層の破壊，酸性雨および生物多様性の損失についてそれぞれの発生の仕組みと対策・取組みを学習し，さらにその他の問題として海洋汚染，熱帯林の減少および砂漠化についてその概要を学習する。

3.1　地球温暖化

　地球温暖化（global warming）とは，人為的に大気に排出された二酸化炭素等によって地表面からの放熱が妨げられ，地球の温度が長期的に上昇する現象である。温暖化によって，地球規模の気候変動や海面水位の上昇などが起こるものと懸念されている。気候変動に関する政府間パネル（Intergovernmental Panel on Climate Change：IPCC）の第4次報告書（2007年）によると，世界平均の地上気温は1906年以降の100年間に0.74℃上昇し（図3.1），海面水位は17cm上昇している。このうち，最近50年間の気温上昇の速度は過去100年間の約2倍に増大しており，海面上昇の速度も近年の増大が著しい。同報告の将来予測によれば，21世紀末の平均気温上昇は，環境の保全と経済の発展が地球規模で両立する社会では約1.8℃（1.1～2.9℃）であるが，これまでのよう

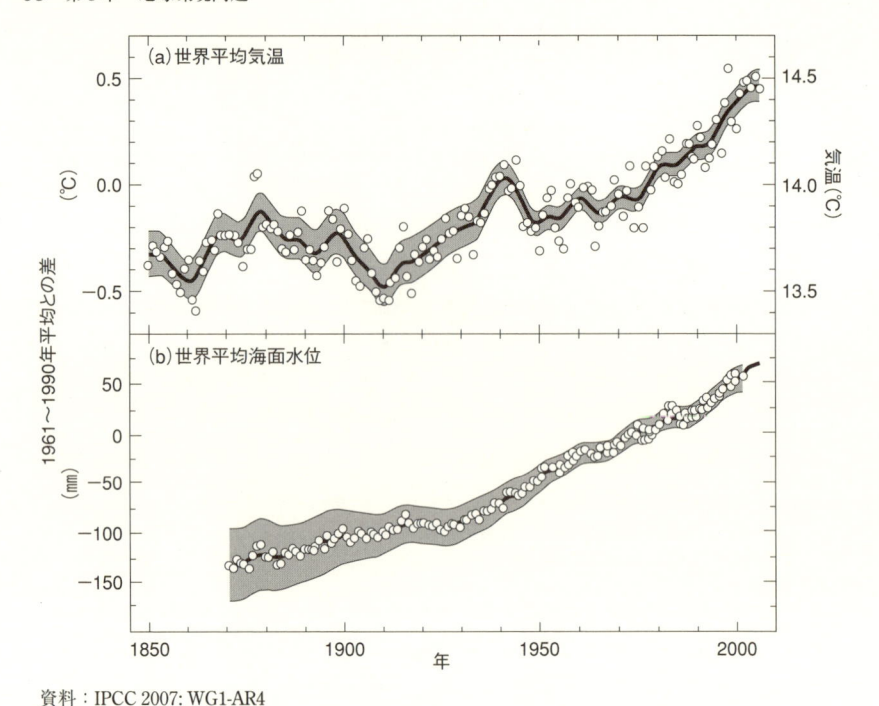

図3.1 世界の平均気温と平均海面水位の変化（網掛け部分は不確実性の幅を示す）

資料：IPCC 2007: WG1-AR4

に経済成長が続く中で化石エネルギーを消費する社会では約4℃（2.4〜6.4℃）と予測している。また，日本の平均気温は過去100年あたり約1.1℃の割合で上昇しており，世界平均よりも高く，特に1990年代以降に高温となる年が集中している。

(1) 地球温暖化のメカニズム

地球に到達した太陽光は，図3.2に示したように，地表面で吸収され，その光がもつエネルギーによって地表面は暖められ，同時に地表面からは赤外線として熱エネルギーが宇宙空間に放射されるが，その熱の一部は大気中の二酸化炭素等によって吸収・再放射されて大気が暖まり，その結果地球の温度は年単位でおおむね一定に保たれている。これを温室効果（greenhouse effect）といい，赤外線エネルギーを吸収する二酸化炭素等のガスを温室効果ガス（green-

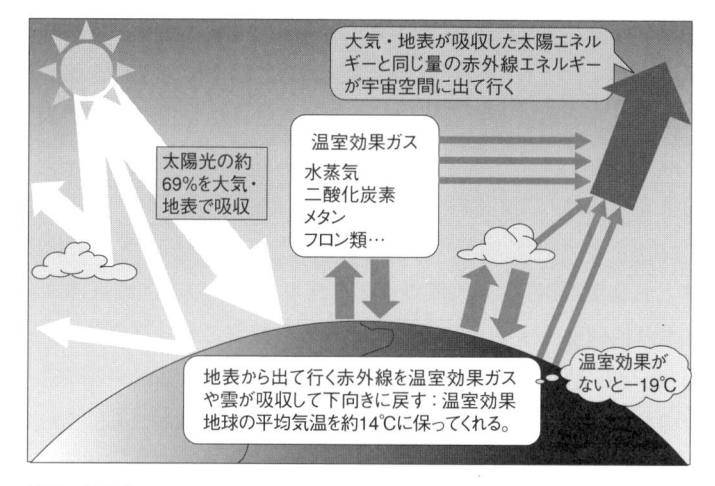

図 3.2　地球の温室効果

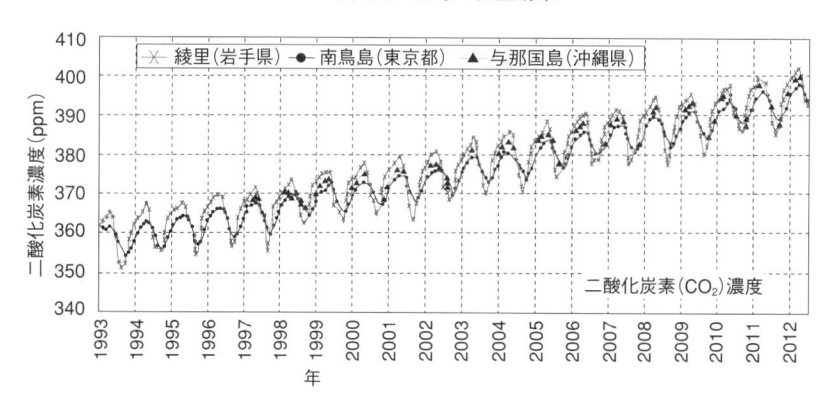

図 3.3　大気中の二酸化炭素平均濃度の経年変化

house effect gas：GHG）という．しかし，人間による各種の活動によって大気中の二酸化炭素等の濃度が高くなると，温室効果がこれまでより強くなり，地表面の温度が過度に上昇する．これが地球温暖化である．

　大気中の二酸化炭素の濃度は，1750年頃に始まった産業革命以降，エネルギーとして化石燃料を大量に燃やした結果，産業革命前の 280 ppm から近年は 400 ppm 程度にまで増加している．わが国の大気中の二酸化炭素濃度も，

図3.3に見られるように，過去20年程度で約40 ppmも上昇しており，平均すると毎年2 ppm上昇している．二酸化炭素濃度が年単位で上昇と下降を繰り返しているのは，夏季は植物や藻類が光合成により活発に二酸化炭素を吸収するため下降し，冬季は光合成が低下するため上昇するものである．

温室効果ガスには，二酸化炭素のほか，メタン（CH_4），一酸化二窒素（N_2O），ハイドロフルオロカーボン類（HFCs），パーフルオロカーボン類（PFCs）および六フッ化硫黄（SF_6）などがあり，これら6種類のガスが京都議定書で削減対象とされている．温室効果の程度はガスの種類によって異なり，その違いは地球温暖化係数（global warming potential：GWP）で示される．GWPとは，大気中の温室効果ガスが単位質量あたり一定時間内（一般に100年間）に地球に与える放射エネルギーを積算し，これを二酸化炭素の積算値に対する比で表したものである（表3.1）．温室効果ガスの量や濃度は，これらのガスをGWPにより二酸化炭素に換算して，その合計で表される．二酸化炭素に対して，メタンは21倍，一酸化二窒素は310倍の温室効果があるが，これらのガスの排出量や大気中濃度はかなり低いため，温室効果ガスとして一般に二酸化炭素が取り上げられる．

わが国の2010年度の温室効果ガス排出量は約12億5,800万トンであり，このうち95％が二酸化炭素である．二酸化炭素排出量の主な部門別内訳は，エ

表3.1 温室効果ガスの地球温暖化係数

温室効果ガス		地球温暖化係数
二酸化炭素（CO_2）		1
メタン（CH_4）		21
一酸化二窒素（N_2O）		310
HFC	トリフルオロメタン（HFC-23）	11,700
	他12種	150〜6,300
PFC	パーフルオロエタン（PFC-116）	9,200
	他6種	6,500〜8,700
六フッ化硫黄（SF_6）		23,900

ネルギー転換部門33%，産業部門29%，運輸部門19%，業務等部門8%および家庭部門5%である。また，世界のエネルギー起源温室効果ガスの国別排出量（図6.1参照）としては，中国，アメリカ，インド，ロシアに次いで日本が5番目（世界排出量の3.8%）に多い。

(2) 地球温暖化の影響

地球温暖化は，人為的な気候変動（climate change）や海面水位の上昇などをもたらし，さらに自然環境から人間社会にまで広範囲に影響を及ぼす。気候変動は，気温や海水温の上昇，局地的な豪雨や干ばつの発生および台風・竜巻の発生形態の変化などの異常気象をもたらす。その結果，生物種の減少・絶滅や生息分布の変化などの生態系の劣化，農作物の不作，土砂災害や洪水・高潮などの自然災害，感染症の感染域の拡大や猛暑による熱中症の増加などの健康被害を引き起こすこともある。海面水位の上昇は，気温・海水温の上昇による海水の膨張と南極や高山の氷の融解によるもので，海抜の低い島国であるオセアニアのツバルやインド洋のモルディブでは一部陸地が水没するという深刻な事態となっている。また，地球温暖化の原因である大気中の二酸化炭素の増加は，海洋に吸収される二酸化炭素量をも増大させ，吸収された二酸化炭素が炭酸へと解離して，海水を酸性化する。海洋の酸性化により，サンゴ類や貝類などの外骨格（殻）の溶解が懸念されている。

(3) 地球温暖化への対策

世界の温室効果ガスの現在の排出量は，地球の吸収量の2倍以上といわれている。温室効果ガスの大気中濃度を生態系や人類に危険な影響を及ぼさない水準で安定化させるには，世界全体の排出量を半分以下にする必要がある。京都議定書では，温室効果ガス排出量の削減目標を定め，その目標を達成する仕組みとして市場メカニズムを活用したクリーン開発メカニズム（clean development mechanism：CDM），共同実施（joint implementation：JI）および排出量取引（Emissions Trading：ET）の三つの手法を挙げている。これの仕組みを京都メカニズムという。CDMとは，先進国が途上国に投資・技術支援して排出削減や植林事業を行い，途上国での削減量や吸収量を先進国が「認証された

削減量（クレジット）」として獲得できる制度である。JIとは，先進国同士が削減・吸収事業を共同で行い，その削減量・吸収量を自国の削減量に再配分できる制度である。ETとは，国や企業ごとに排出枠を定め，排出枠が余った国や企業と超えた国や企業との間で排出枠を取引する制度である。

　京都議定書で定めた温室効果ガスの排出削減計画は，アメリカや途上国（中国・インド等の排出量の多い新興国を含む）の不参加，あるいは経済不況などのため，一同には実行されていない。その後も国際的な話し合いが継続されてはいるが，各国が自国の事情に合わせて削減計画を進めているのが実態である。わが国では，公共交通機関の利用促進，再生可能エネルギーの導入および省エネ・炭素固定技術の開発などに取り組み，一部で京都メカニズムも活用されている。しかし，わが国の2010年度の温室効果ガスの排出量は約12億5,800万トンであり，京都議定書の削減目標1990年比6%に対して0.3%の減少に留まっている。前年度に比べると排出量は4.2%の増加であり，産業部門と家庭部門での削減の強化が課題となっている。エネルギー転換部門については，福島第一原子力発電所の事故以来原子力発電の縮小が叫ばれており，再生可能エネルギーの導入の拡大など，原子力発電を前提としない排出量削減が求められている。なお，わが国は途上国が求める京都議定書では包括的枠組みが構築されないとして，京都議定書の第二約束期間（2013年～2018年）には不参加とした。

　具体的な地球温暖化対策として，わが国では化石燃料（石油，天然ガス，石炭）に対して2012年10月から環境税（地球温暖化対策税）が導入された。これは地球温暖化を防ぎ，再生可能エネルギーの普及を伸ばすねらいがあり，税金分は電気代やガス代，ガソリン代に上乗せされる。また，エタノール混合ガソリンの普及，ハイブリッド自動車や電気自動車など低公害車の普及，それらに必要なインフラの整備も重要である。エタノール混合ガソリンはガソリンにバイオエタノールを混合したもので，わが国では10%混合のE10ガソリンの導入を目指している。バイオエタノールはカーボンニュートラルであり，E10ガソリンの導入によりバイオエタノール分の二酸化炭素排出量が削減される。カーボンニュートラル（carbon neutral）とは，バイオマスを原料とするバイオエタノールのように，燃焼すると二酸化炭素が生成されるが，その二酸化炭

素はもともと植物（バイオマス）が光合成で大気中の二酸化炭素を吸収したものであり，燃焼しても実質大気中の二酸化炭素を増加させないことをいう。

3.2　オゾン層の破壊

　オゾン層（ozone layer）は，太陽光中の紫外線の大部分を吸収し，地球上の生物を有害な紫外線から保護する役割を果たしている。オゾン（O_3）とは酸素原子3個からなる気体で，高度10 km付近～50 kmの成層圏に大気中オゾン量の9割が集まっているオゾン層がある。オゾン層が破壊されると，地上へ到達する紫外線量が増え，皮膚の炎症，皮膚がんや白内障の発症，あるいは免疫機能の低下など，人の健康に有害であるほか，動植物にも生育阻害等の悪影響を及ぼす。オゾン量は1980年代～1990年代前半にかけて大きく減少し，その後も減少した状態が続いているが，特に南極上空では春季にあたる9～10月頃にオゾン濃度が急激に低下し，オゾン層に穴が開いたような状態のオゾンホール（ozone hole）が形成される。南極上空のオゾンホールは，図3.4に示したように1980年代から1990年代前半にかけて地球規模で大きく増大した。近年のオゾンホールの規模は，長期的な拡大傾向は見られなくなっているものの，縮小の兆しがあるとは判断できず，南極域のオゾン層は依然として深刻な状況

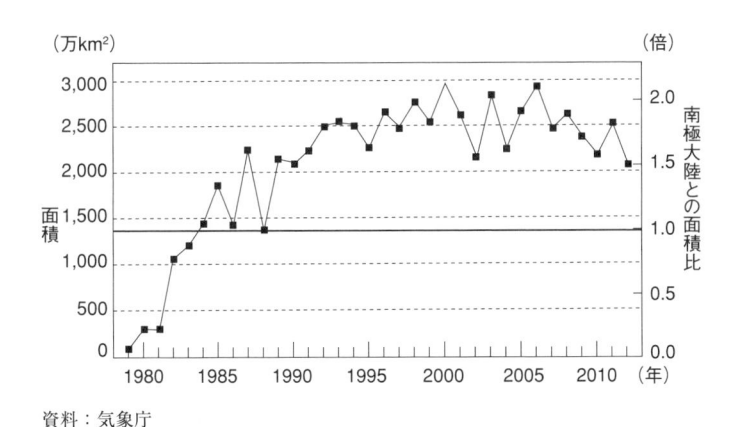

資料：気象庁

図3.4　南極上空のオゾンホールの面積の推移

にある．北極域では，気象条件の違いのためオゾンホールと呼ぶほど激しくはないが，1990 年代以降にオゾン量が減少する年が多くなっている．

(1) オゾン層の破壊とオゾンホール

オゾン層では，酸素が太陽の紫外線を吸収してオゾンを生成し，同時にオゾンは紫外線を吸収して分解する，という光化学反応を繰り返しながら，オゾン濃度がおおよそ一定に保たれている．しかし，地上で放出されたフロンなどの化学物質の影響で，オゾン層のオゾンが分解されてこのバランスが崩れ，オゾン層の破壊が起こり始めた．フロンは，安定な物質であるため大気中では分解されず，地上での放出後ゆっくりとオゾン層に達し，そこで紫外線によって分解されて塩素原子（活性塩素）を生成する．この塩素原子が触媒となってオゾンが分解されるもので，塩素原子 1 個がオゾン分子約 10 万個を消滅させるといわれている．

オゾン層破壊の原因物質は，フロンの一種であるクロロフルオロカーボン（CFC）やハイドロクロロフルオロカーボン（HCFC）という人工的に合成された化学物質である．CFC や HCFC は，冷蔵庫やエアコンの冷媒，断熱材用の発泡剤，スプレーの噴射剤および半導体や液晶の洗浄剤など，幅広く使用されてきた．しかし，CFC も HCFC もオゾン層を破壊することが判明してから，CFC は 2009 年末までに全廃され，HCFC も生産の規制がなされている．現在では，オゾン層を破壊しない代替フロンと呼ばれるハイドロフルオロカーボン（HFC）が使用されるようになっている．なお，フロン以外にも，消火剤に用いられるハロンや土壌殺菌剤である臭化メチルもオゾン層を破壊する物質である．

南極域でオゾンホールが発生するのは，冬季に極域上空の成層圏に形成される大規模な気流の渦である極渦（polar vortex）という強い西風の循環が関係している．冬季は太陽光があたらないため，極渦内部は著しく低温（$-78°C$ 以下）となり，極域成層圏雲が形成される．極域成層圏雲が発生すると，成層圏の塩素はオゾン層破壊作用のない塩素分子（Cl_2）や次亜塩素酸（$HOCl$）として極渦内に蓄積される．春季になって太陽光が当たるようになると，塩素分子などが光化学的に塩素原子（活性塩素）になり，激しくオゾン層を破壊す

る。南半球の極渦は南極を中心とする円形であり，春季に発生するオゾンホールの形状とほぼ重なる。一方，北極域では，気象条件や周辺地形の違いから，極域成層圏雲の発生する期間が短く，形状も不定形であるため，南極のように大規模ではっきりしたオゾン層の破壊は通常起こらない。

(2) オゾン層保護の取組みと地球温暖化との関係

オゾン層の破壊が認知されてから，1987年に「オゾン層を破壊する物質に関するモントリオール議定書」が採択され，国際的にオゾン層破壊物質の生産と消費に対する規制が始まった。モントリオール議定書により，特定フロン（5種類のCFC），ハロン，その他のCFC，四塩化炭素，1,1,1-トリクロロエタン，HCFCおよび臭化メチルなど，これらの規制物質をそれぞれの目標年までに全廃することが決められた。このうち，CFCは先進国では1995年末までに，途上国では2009年末までに全廃された。しかし，CFCは大気中寿命が非常に長いため（たとえばCFC-12は約100年），過去に排出されたCFCは極めて緩やかに減少していくものと予測されている。フロンのCFCとHCFCの全廃規制に対して，現在は代替フロンと呼ばれるハイドロフルオロカーボン（HFC）が使用されている。また，わが国では，フロン回収・破壊法および家電や自動車のリサイクル法等により，冷蔵庫やエアコンなどに使用されていたCFCやHCFCの回収と破壊も進められている。

ところが，代替フロンHFCはオゾン層を破壊しないものの，CFCやHCFCと同様に，地球温暖化の原因となる温室効果ガスである。HFCの温室効果は二酸化炭素の数百倍から一万倍超であり，HFCにパーフルオロカーボン（PFC）と六フッ化硫黄（SF_6）を合わせて，強力な温室効果ガスとして代替フロン等3ガスと呼ばれている。冷媒用途でのHFCへの転換が進む一方で，代替フロン等3ガスの排出量の急増が懸念されている。地球温暖化防止の視点から，HFCに代わるノンフロン物質への再転換，たとえばアンモニアや炭化水素によるノンフロン化が求められている。

3.3 酸性雨

　酸性雨（acid rain）とは，大気中の酸性物質が降水に溶け込んで，降水が酸性化する現象である。酸性雨のpHについては，大気中の二酸化炭素が純水に溶解して平衡状態になるとpH 5.6になることから，このpH値以下の降水が酸性雨とされることが多い。しかし，大気中の酸性物質には二酸化炭素以外にも，自然の海水飛沫による海塩粒子や土の巻き上げによる土壌粒子，また人為的に放出される酸性物質などもあり，酸性雨のpHについては必ずしも明確な基準はない。大気中の酸性物質は国境を越えて輸送されることがあり，酸性雨による樹木の立ち枯れや水域の酸性化など生態系への悪影響が広範囲に及ぶことが懸念されている。わが国における降水pHは，図3.5に示したように近年5年間（2006～2010年度）の降水量加重平均でpH 4.58～5.10の範囲にあり，全国的に酸性雨が観測されている。

(1) 酸性雨の発生と環境影響

　酸性雨の原因となる主要な酸性物質は，化石燃料などの燃焼で大気中に放出される窒素酸化物（NO_x）や硫黄酸化物（SO_x）から光化学反応等によって生成される硝酸（HNO_3）や硫酸（H_2SO_4）である。これらの酸性物質が地上に降下する過程は，雨，雪，霧などに溶け込み降水として降下する湿性沈着（wet deposition）と，微粒子（エアロゾル）やガスとして直接降下する乾性沈着（dry deposition）があり，両方を合わせて酸性沈着（acid deposition）という。ここに，大気中の酸性物質の降下による環境影響は，酸性沈着の問題であるが，本項では湿性沈着である酸性雨による影響について取り上げる。なお，大気汚染物質としての窒素酸化物や硫黄酸化物については，先の2.2.1項で説明したとおりである。

　酸性雨による環境破壊は，ヨーロッパや北米などの先進国のほかに，中国やインドなどの新興国を含む世界規模で発生している。酸性雨は，原因となる大気中の窒素酸化物や硫黄酸化物が発生源から国境を越えて輸送されることもあり，遠く離れた地域で環境汚染が発生する越境大気汚染の問題でもある。

　酸性雨による環境影響は，森林・土壌，湖沼等の水域および建造物等への影

図 3.5 降水中の pH 分布

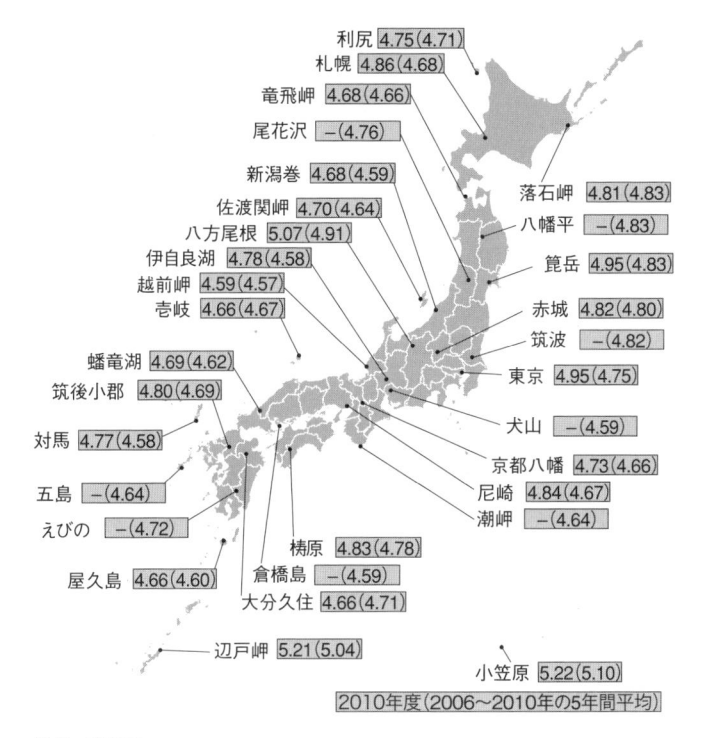

地点	2010年度 (2006〜2010年の5年間平均)
利尻	4.75 (4.71)
札幌	4.86 (4.68)
竜飛岬	4.68 (4.66)
尾花沢	− (4.76)
新潟巻	4.68 (4.59)
佐渡関岬	4.70 (4.64)
八方尾根	5.07 (4.91)
伊自良湖	4.78 (4.58)
越前岬	4.59 (4.57)
壱岐	4.66 (4.67)
蟠竜湖	4.69 (4.62)
筑後小郡	4.80 (4.69)
対馬	4.77 (4.58)
五島	− (4.64)
えびの	− (4.72)
屋久島	4.66 (4.60)
梼原	4.83 (4.78)
倉橋島	− (4.59)
大分久住	4.66 (4.71)
辺戸岬	5.21 (5.04)
落石岬	4.81 (4.83)
八幡平	− (4.83)
箟岳	4.95 (4.83)
赤城	4.82 (4.80)
筑波	− (4.82)
東京	4.95 (4.75)
犬山	− (4.59)
京都八幡	4.73 (4.66)
尼崎	4.84 (4.67)
潮岬	− (4.64)
小笠原	5.22 (5.10)

資料：環境省

響などが問題となっている．森林・土壌に対しては，1980年代に発生したドイツのシュバルツバルト（黒い森を意味し，密集したモミの木によって黒く見えることが由来）における広域の樹木の立ち枯れが有名である．樹木の立ち枯れは，酸性雨により土壌が酸性化すると植物の根に有害なアルミニウムや重金属類が溶出し，根の栄養分や水分の吸収力が弱められるためである．また，土壌の酸性化により土壌微生物が減少し，土壌中の有機物の分解（無機栄養分への転換）が妨げられることも関係する．なお，酸性雨の樹木の葉などへの直接の影響は比較的軽いといわれている．湖沼等の水域に対しては，水域は自然の化学的・生物学的な緩衝作用（pH変化を抑える作用）によって酸性化が抑制されているが，酸を中和する能力（アルカリ度）の低い水域では酸性化し，水

生生物の生息環境が悪化する。建造物等に対しては，酸性雨により屋外の歴史的な建造物や彫刻などの文化財が溶けたり，鉄筋コンクリート構造物の鉄筋が腐食したりする。

(2) 酸性雨に対する取組み

酸性雨による影響を把握し，対策を講ずるには，長期的かつ広域的なモニタリングと原因物質の排出量削減が必要である。国際的な取組みとして，欧州では国連欧州経済委員会（UNECE）が，1979年に「長距離越境大気汚染条約（ウイーン条約）」で越境大気汚染防止の政策やモニタリングの実施を決め，この条約に基づき1985年に硫黄酸化物の排出量削減（ヘルシンキ議定書），1988年に窒素酸化物の排出量削減（ソフィア議定書）を定めた。北米では，米国とカナダ間で1980年に硫黄酸化物による越境大気汚染に関する調整委員会を設け，1991年に酸性雨被害防止のための大気保全協定を締結した。

わが国は，1983年から5カ年計画で第一次酸性雨対策調査を開始し，第四次調査まで継続するとともに，2001年に酸性雨長期モニタリング計画を策定し，2003年から湿性・乾性沈着や水域・土壌・植生のモニタリングを実施している。また，東アジア地域の取組みの第1歩として，わが国が中心となって1988年に「東アジア酸性雨モニタリングネットワーク（EANET）」を組織し，現在，日本，中国，ロシア，韓国，モンゴルおよび東南アジア8カ国を含む13カ国が参加している。EANETでは東アジアにおける酸性雨問題の共通理解，酸性雨に対する政策決定のための情報の提供などを推進している。

酸性雨の原因物質であるNO_xやSO_xの排出量の削減には，他の大気汚染物質への対策と同様に，固定発生源と移動発生源に対する排出規制が取られている（2.2節を参照）。また，地球温暖化対策の一つでもあるエタノール混合ガソリンの普及，ハイブリッド自動車や電気自動車など低公害車の普及，それらに必要なインフラの整備も重要である。

3.4 生物多様性の損失

地球上には3,000万種とも推定される多様な生命が存在し，それらはさまざ

まな生物種との相互作用を維持しながら生態系を形成している。国際自然保護連合（IUCN）による生物種 65,518 種の評価によると，図 3.6 に示したように約 3 割が絶滅危惧種として選定されている。哺乳類，鳥類，両生類については，既知の種のほぼすべてが評価されており，哺乳類の 2 割，鳥類の 1 割，両生類の 3 割が絶滅危惧種に選定されている。また，絶滅したと判断された種は 795 種（動物 705 種，植物 90 種）である。国連環境開発会議（地球サミット，1992 年）に合わせて採択された「生物の多様性に関する条約」（生物多様性条約）では，生物多様性（biodiversity）をすべての生物の間に違いがあることと定義し，生態系の多様性，種間（種）の多様性，種内（遺伝子）の多様性という三つのレベルでの多様性があるとしている。私たちは生物多様性がもたらす多くの恵みを受けて生活しており，生物多様性の損失は特定の生物種の減少・絶滅のみならず，私たちの生活基盤をも失うことになることが懸念される。生物多様性は人間が行う不適切な開発や諸活動により損なわれ，とくに地球温暖化による気候変動は生態系のかく乱や多くの生物種の絶滅を含む重大な影響を与えるおそれがある。私たちは人類共通の財産である生物多様性を確保し，次の世代に引き継いでいく責務を有している。

(1) 生態系サービス

生物多様性がもたらす恵みを含めて，生態系によって提供される多くの資源と調節機能を生態系サービス（ecosystem service）という。生態系サービスは，光合成による酸素の供給，土壌形成や栄養塩の循環などの「基盤サービス」，食料や水，木材，繊維，医薬品の開発等の資源を提供する「供給サービス」，水質浄化や気候の調節，自然災害の防止や被害の軽減，天敵の存在による病害虫の抑制などの「調整サービス」，精神的・宗教的な価値や自然景観などの審美的な価値，レクリエーションの場の提供などの「文化的サービス」の四つに分類される。

基盤サービスとしては，酸素はラン藻類や植物の数十億年にわたる光合成によりつくられたものであり，栄養豊かな土壌は生物の死骸や植物の葉が土壌中の微生物により分解されることで形成され，また，生命の維持に欠かせない窒素・リンなどの栄養塩の循環には森林からの栄養塩供給が大きな役割を果たし

第3章　地球環境問題

■主な分類群の絶滅危惧種の割合

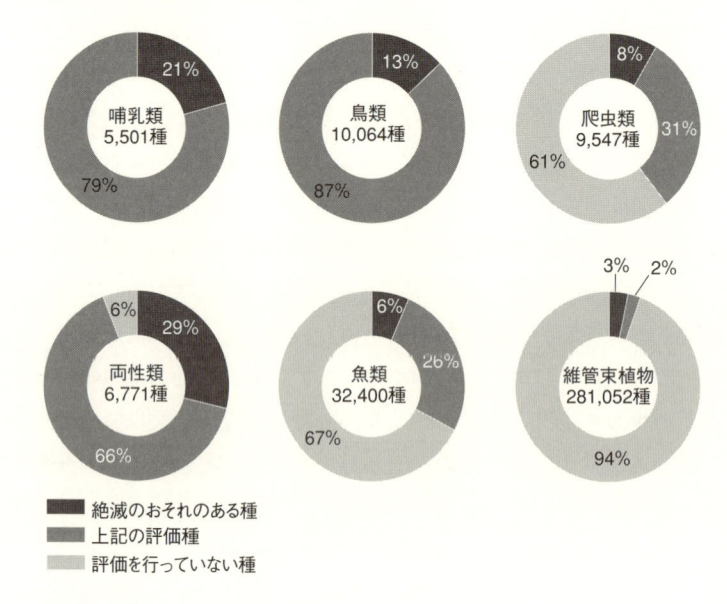

- 哺乳類 5,501種: 21%、79%
- 鳥類 10,064種: 13%、87%
- 爬虫類 9,547種: 8%、31%、61%
- 両性類 6,771種: 6%、29%、66%
- 魚類 32,400種: 6%、26%、67%
- 維管束植物 281,052種: 3%、2%、94%

■ 絶滅のおそれのある種
■ 上記の評価種
■ 評価を行っていない種

■評価した種の各カテゴリーの割合
評価総種数：65,518種

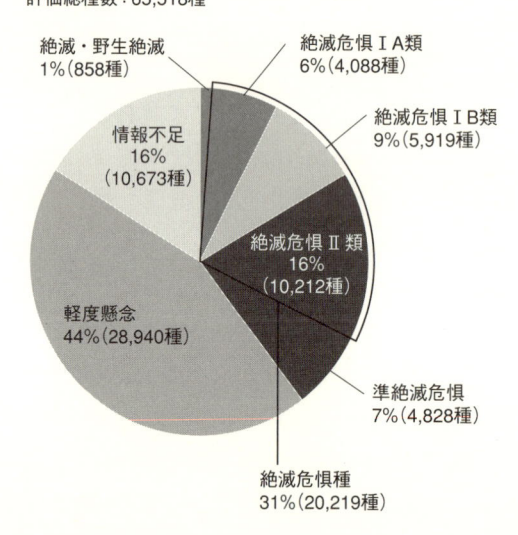

- 絶滅・野生絶滅 1%（858種）
- 絶滅危惧ⅠA類 6%（4,088種）
- 絶滅危惧ⅠB類 9%（5,919種）
- 絶滅危惧Ⅱ類 16%（10,212種）
- 準絶滅危惧 7%（4,828種）
- 絶滅危惧種 31%（20,219種）
- 軽度懸念 44%（28,940種）
- 情報不足 16%（10,673種）

資料：IUCN レッドリスト 2012.2

図 3.6　国際自然保護連合（IUCN）による絶滅危惧種の評価状況

ている．人間を含むすべての生命の生存基盤である環境は，こうした自然の物質循環を基礎として成り立っている．

供給サービスにおいて，食料や木材などの資源は水田，森林，海などから農林水産業を通じてもたらされるが，農産物の生産は農地や森林での多様な生物がかかわる循環機能を利用しており，水産資源の確保には海洋における生物の多様性が維持されることが欠かせない．生物の機能の利用としては，たとえば菌類や細菌がもつ成分や酵素は医薬品，化粧品，機能性食品（健康維持・病気予防のために特定成分を加えた食品）などの原料となり，また，さまざまなバイオテクノロジーにおいても重要な役割を担っている．

調整サービスとしては，生物が生息しやすい森林や河川等の整備・保全は，流域全体で見ると，山地災害の防止や土壌の流出防止，安全な飲み水の確保に寄与する．また，豊かな森林は大雨や強風による被害を軽減し，サンゴ礁は台風等による高波から国土を守る天然の防波堤となり，海岸侵食も防いでくれる．また，農業生産環境における土壌微生物や天敵などの生物の多様性が保全されることで，病害虫抑制の機能が発揮されることになる．

文化的サービスとしては，わが国では自然と文化が一体になった「風土」という言葉に表されるように，里地里山や四季の変化に支えられた生物多様性を通して，豊かな食文化，工芸，芸能，芸術など多様な文化を形成してきた．文化の多様性は，私たちに精神的な恩恵をもたらすとともに，地域に文化面での奥行きを増し，地域社会の発展に役立ってきた．

生態系サービスのもとに，人間の生活が自然環境に依存している程度を示す指標として，エコロジカル・フットプリント（Ecological Footprint：EF，図 5.2 参照）が提唱されている．エコロジカル・フットプリントは，人類の地球に対する需要を資源供給と廃棄物吸収（浄化）に必要な生物生産性のある陸地・海洋の面積（global hectare：gha）で表したものとして計算する．グローバルヘクタール（gha）とは，世界の平均的な生物生産力をもつ土地 1 ha に換算した面積である．世界自然保護基金（World Wide Fund for Nature：WWF）の WWF ジャパンの報告書によると，2008 年時点で日本の 1 人あたりの EF は 4.17 gha（世界 37 位）であり，世界平均 2.7 gha の約 1.5 倍および ASEAN 平均 1.54 gha の約 2.7 倍であった．EF の最終需要別では家計消費が主な要因で

あり，日本の総EFの約66%を占める。仮に世界中の人が平均的日本人と同じように生活すると，地球が2.3個必要になる。

(2) 生物多様性の損失と影響

生物多様性の損失は，その原因や結果を分析すると，四つの危機によってもたらされると考えられる。第1の危機は，人間活動や開発が直接的にもたらす生物種の減少・絶滅や生息・生育空間の縮小・消失である（開発・乱獲）。第2の危機は，自然に対する人間の働きかけが縮小・撤退することによる里地里山の質の変化や生物種の減少である（不十分な管理）。第3の危機は，外来種や化学物質など，人為的に持ち込まれたものによる生態系のかく乱である（外来種・化学物質）。第4の危機は，地球温暖化による気候変動や二酸化炭素吸収による海洋の酸性化など，地球環境の変化による生物多様性への影響である（地球環境の変化）。

第1の危機（開発・乱獲）は，たとえば沿岸域の埋立てや森林の他用途への転用などの土地利用の変化は生物の生息環境の悪化と破壊をもたらし，また，商業的利用による生物個体の乱獲などは直接個体数の減少につながる。第1の危機の背景には，わが国の経済成長に伴う急速な社会変化があり，産業・宅地需要や都市化による急激な開発は自然生態系を大きく改変してきた。

第2の危機（不十分な管理）は，第1の危機とは逆に，自然に対する人間の働きかけが縮小撤退することによる影響である。たとえば，里地里山の薪炭・農用林や採草地は経済活動に必要なものとして維持されてきたが，産業構造や資源利用の変化と人口減少や高齢化による活力の低下に伴い，里地里山の管理が縮小することによる危機が拡大している。森林は管理されなくなると，林床が暗くなり，動植物相が変化する。その結果，動植物に絶滅危惧種が増え，里地里山の生態系が多様性を失う。逆に，耕作放棄地や利用されない里山林などがニホンジカやイノシシなどの生息に好ましい環境となり，これらの個体数や分布域が拡大することで，深刻な農林業被害や生態系への影響が発生している。さらに，森林整備が十分に行われないことで，森林のもつ水源涵養や土砂流出防止などの機能や生物の生息環境としての質の低下が懸念されている。

第3の危機（外来種・化学物質）は，まず外来種について，マングースやア

ライグマなど人為的に国内外の他の地域から導入された生物が，地域固有の生物相や生態系を破壊している。外来種問題については，「特定外来生物による生態系等に係る被害の防止に関する法律」（外来生物法）に基づき特定外来生物等の輸入・飼養等が規制されているが，すでに国内に定着した外来種の防除には多大な時間と労力が必要となる。化学物質については，20世紀に入って急速に農薬・防汚剤・肥料等の開発・普及が進み，生態系が多くの化学物質に長期間暴露されるという状況が生じている。たとえば，殺虫剤として用いられたDDTによる鳥類への影響や，船底塗料として用いられたトリブチルスズ化合物による貝類への影響などの事例があり，これらの化学物質は生態系に大きな影響を与えることから製造・使用が禁止された。

　第4の危機（地球環境の変化）は，大気中の二酸化炭素の増加に起因する地球温暖化による気候変動や二酸化炭素吸収による海洋の酸性化などの地球環境の変化が，生物多様性に深刻な影響を与える可能性があることである。二酸化炭素の増加は，人間活動による化石燃料消費の急激な増大によるものであり第1の危機としてとらえることもできるが，直接的な原因者を特定するのが困難なことやグローバルな広がりをもつことで，第1の危機とは異なる。地球温暖化が進むことにより，地球上の多くの動植物の絶滅のリスクが高まる可能性が高いと予測されており，さまざまな生物の分布のほか，植物の開花や結実の時期，昆虫の発生時期などの生物季節に変化が生じると考えられる。海洋においては，海水温の上昇による生物の分布域の変化やサンゴの白化や藻場の消失，海洋の酸性化によるサンゴ類や貝類などの外骨格（殻）の溶解などが懸念されている。

(3)　生物多様性の損失への取組み

　生物多様性の損失に対する取組みは，生物多様性条約に基づき生物多様性の保全と持続可能な利用を目的とした生物多様性国家戦略として策定され，また2008年に「生物多様性基本法」が施行されてからは同法に基づく国家戦略ともなった。2010年に名古屋市で開催された生物多様性条約第10回締約国会議（COP 10）では，生物多様性に関する世界目標となる「愛知目標」が採択され，各国はその達成に向けた国別目標を設定することになった。わが国の生物

多様性国家戦略は1995年に策定され、その後見直しを重ねながら、生物多様性基本法やCOP 10および東日本大震災の経験などを踏まえ、愛知目標の達成に向けたわが国の戦略として「生物多様性国家戦略2012-2020」（2012年）が策定された。具体的な施策の方向性として、①生物多様性を社会に浸透させる、②地域における人と自然の関係を見直し・再構築する、③森・里・川・海のつながりを確保する、④地球規模の視野をもって行動する、⑤科学的基盤を強化し、政策に結びつける、という五つの基本戦略が設定された。

　将来にわたって生物多様性が保たれる国土を実現するためには、保全すべき自然環境や地域を核（コアエリア）として確保し、外部との相互影響を軽減するための緩衝地域（バッファーゾーン）を設けるとともに、これらを生態的な回廊（コリドー）により有機的につなぐことにより、生態系ネットワーク（エコロジカル・ネットワーク）を形成していくことが必要である。生態系ネットワークの形成にあたっては、地域固有の生物相に応じた広がりを考慮するとともに、生物の種類によって国境や県境を越えて移動するものから、森林と湿地といった隣接する生態系間を移動するものまで、生息・移動の空間的な広がりは多様であることから、それぞれの生物種に応じて全国、広域圏、都道府県、市町村などさまざまな空間レベルでのネットワークの形成が求められる。

　野生生物の保全のためには、絶滅のおそれのある種を的確に把握し、一般への理解を広める必要があることから、環境省はわが国の絶滅のおそれのある野生生物の種のリストであるレッドリスト（red list）を作成している。また、地域の自然環境や歴史文化を体験・学習し、その保全にも責任をもつ観光としてエコツーリズム（ecotourism）の推進に向けた取組みも行われている。

3.5　その他の地球環境問題

　その他の地球環境問題として、海洋汚染、熱帯林の減少、砂漠化を取り上げ、以下に簡単に説明する。

　海洋汚染（marine pollution）は、海を介して周辺の国々や海域へその影響が広く及ぶことから地球環境問題として扱われる。国連海洋法条約（1994年）では、海洋汚染の原因として陸からの汚染、海底資源探査や沿岸域の開発

などの活動による生態系の破壊，汚染物質の海への流入，投棄による汚染，船舶からの汚染，大気を通じての汚染を挙げている．海洋環境を保全するための国際的な取組みとしては，国連海洋法条約のほか，陸上で発生した廃棄物の海洋投棄および洋上焼却に関する「ロンドン条約」(1975年)，船舶からの油や有害液体物質および廃棄物の排出などに関する「マルポール73/78条約」(1983年)などがある．

　熱帯林の減少 (rainforest destruction, deforestation) は，世界中で毎年1,500万haあまり（北海道，九州，四国を合計した面積）の熱帯林が減少しているといわれており，特に東南アジア，アフリカ，アマゾン流域でその消滅が著しい．地球上の森林面積は1990年から2000年までの10年間に約9,400万ha少なくなり，日本の国土面積の約2.5倍の森林が消えている．熱帯林が減少すると，生物多様性や木材資源がなくなるばかりでなく，二酸化炭素の吸収量も減り，地球環境問題の重要な課題の一つとなっている．消滅の原因は，先進国向けの木材輸出，薪炭としての利用，アブラヤシ等の植物油脂の消費増加，農地開墾，家畜の増加，道路建設などの森林の開発が挙げられ，発展途上国の人口増加がそれに拍車をかけている．わが国は世界最大の木材輸入国として世界貿易の約2割を占めており，東南アジアをはじめ数多くの国々から木材を輸入している．国際的な取組みとして，国際熱帯林木材機関 (ITTO) は，生態系維持の観点を含む森林の保全・開発を推進するため，森林の管理・保育などに関する各種のプロジェクトを実施している．また，環境と開発に関する国際連合会議 (UNCED) は，森林原則声明 (1992年) として，森林のもつ多様な機能の保全と持続可能な開発が重要であり，開発途上国の取組みに対する国際的な協力を求めている．

　砂漠化 (desertification) は，国連砂漠化対処条約 (UNCCD) で「乾燥地域，半乾燥地域，乾燥半湿潤地域における気候上の変動や人間活動を含むさまざまな要素に起因する土地の劣化」と定義されている．具体的には，地球温暖化による大気循環の変動および木材や開墾のための森林伐採によって乾燥化が進み，砂漠化が進行する．砂漠化の影響を受けやすい乾燥地域は地表面積の約41%を占めており，その人口は20億人以上にも及ぶ．砂漠化は食料の供給不安，水不足，貧困の原因にもなっている．砂漠化に対処する取組みとして，

UNCCD の締約国会議による国際的な取組みのほか，わが国はモンゴルにおける気候変動による砂漠化に対する遊牧民の能力形成事業，アフリカにおける伝統的知識や在来技術を活用した砂漠化対処技術の移転事業等を行っている。

演習問題
1. 地球温暖化のメカニズムを説明し，その気候変動への影響について具体例を挙げて説明せよ。
2. オゾン層の破壊の原因と健康影響について説明せよ。
3. 酸性雨の原因とその影響である樹木の立ち枯れの仕組みについて説明せよ。
4. 生態系サービスの4分類を挙げて，その概要を説明せよ。
5. 生物多様性の損失に関する四つの危機について，その概要を説明せよ。
6. 熱帯林の減少の主な原因と環境影響を説明せよ。

参考文献
1) 環境省編：環境白書，平成24年版，日経印刷（2012）
2) 環境省 Web サイト：地球環境・国際環境協力，http://www.env.go.jp/earth/ （2013）
3) 文部科学省・気象庁・環境省：日本の気候変動とその影響，温暖化の観測・予測及び影響評価統合レポート（2009）
4) 気象庁 Web サイト：気象等の知識，http://www.data.kishou.go.jp/climate/ （2012）
5) 環境省：生物多様性国家戦略 2012-2020，平成24年9月28日（2012）

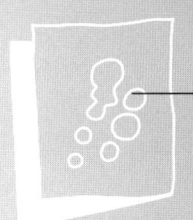

第4章 環境法

　健全な環境を保護・維持するためには，そのための責務や施策等を定める総合的な法制度が重要である。歴史的に見れば，わが国で環境法という概念が認められるようになったのは1970年前後であり，まず公害規制の法律が整備されたが，その後環境問題の質や規模も変化し，より積極的な環境の保全を目指して公害法から環境法へと拡大・発展していった。
　本章では，まずわが国の環境法の体系と環境基本法について整理し，次に具体的な公害，廃棄物，化学物質，自然環境保全，地球環境および環境影響評価等に係る法制度の概要を学習する。

4.1 環境法の体系と環境基本法

4.1.1 環境法の体系

　わが国の環境法の整備は，高度経済成長期に発生した公害問題をきっかけに，1970年の第64回臨時国会（公害国会と呼ばれる）で改正された公害対策基本法をはじめ，公害関係の14の法案が一挙に可決されたことに始まるといってよい。これに続いて，1971年に環境庁（現環境省）が設置され，その後も公害対策としての各種の環境法が整備され，工場などからのばい煙や排水に起因する大気汚染や水質汚濁など，いわゆる産業型公害である典型七公害に対する対策は大きく前進した。
　しかし，産業型公害の対策が進むなか，新たに都市人口の増大に伴う都市・生活型の環境汚染や地球規模の環境問題が顕在化してきた。大量生産・大量消費から発生する大量の廃棄物によるごみ問題や排出ガスによる地球温暖化など，新たな環境問題に対応するための法律が必要になってきた。そこで，公害対策基本法をベースとしながらも，健全な環境の継承，持続的発展が可能な社

会，地球環境の保全など，新しい理念のもとに環境基本法が 1993 年に制定された（公害対策基本法は廃止）。

公害対策基本法や環境基本法の制定に前後して，各種の環境関連法，すなわち典型七公害，廃棄物・資源循環，化学物質，自然環境，地球環境および環境影響評価などに係る法律が整備され，現在のわが国の環境法の体系が構築された（図 4.1）。

典型七公害対策の基本となる法律としては，大気汚染防止法（1968 年），水質汚濁防止法（1970 年），土壌汚染対策法（2002 年），騒音規制法（1968 年），振動規制法（1976 年），「建築物用地下水の採取の規制に関する法律」（ビル用水法，1962 年）や工業用水法（1956 年），悪臭防止法（1971 年）などが挙げられる。

廃棄物・資源循環については，都市・生活型の環境汚染，とくに大量の廃棄物によるごみ問題が深刻化するにつれて，生産から廃棄に至るまで物質の効率的な利用やリサイクルを促進し，廃棄物の発生を抑え，環境への負荷が少ない循環型社会を形成することが強く求められるようになった。そのなかで，循環型社会形成推進基本法が 2000 年の第 147 回国会（循環国会と呼ばれる）において制定され，合わせて「廃棄物の処理及び清掃に関する法律」（廃棄物処理法）の改正，「資源の有効な利用の促進に関する法律」（資源有効利用促進法）の改正も行われた。また，「容器包装に係る分別収集及び再商品化の促進等に関する法律」（容器包装リサイクル法，1995 年）や特定家庭用機器再商品化法（家電リサイクル法，1998 年）など，リサイクル関連法も制定された。

化学物質に対する基本的な法律としては「化学物質の審査及び製造等の規制に関する法律」（化審法，1973 年）や「特定化学物質の環境への排出量の把握及び管理の改善促進に関する法律」（化管法，1999 年）など，自然環境に対しては自然環境保全法（1972 年）や生物多様性基本法（2008 年）など，地球環境に対しては「地球温暖化対策の推進に関する法律」（1998 年）や「特定物質の規制等によるオゾン層の保護に関する法律」（1988 年）など，環境影響評価に対しては環境影響評価法（環境アセスメント法，1997 年）が制定された。

放射性物質については，2.1 節で述べたように，2011 年の東日本大震災による福島第一原子力発電所の事故をきっかけに，環境基本法にあった放射性物質

環境基本法
├── 典型七公害
│   ├── 大気汚染：大気汚染防止法，大気環境基準
│   ├── 水質汚濁：水質汚濁防止法，水質環境基準
│   ├── 土壌汚染：土壌汚染対策法，土壌環境基準
│   ├── 騒　音：騒音規制法，騒音環境基準
│   ├── 振　動：振動規制法
│   ├── 地盤沈下：建築物用地下水採取規制法，工業用水法
│   └── 悪　臭：悪臭防止法
├── 廃棄物・資源循環
│   ├── 循環型社会形成推進基本法
│   ├── 廃棄物処理法
│   └── 資源有効利用促進法
│   ├── 容器包装リサイクル法
│   ├── 家電リサイクル法
│   ├── 建設リサイクル法
│   ├── 食品リサイクル法
│   ├── 自動車リサイクル法
│   ├── 小型家電リサイクル法
│   └── グリーン購入法
├── 化学物質
│   ├── 化学物質審査規制法
│   ├── 化学物質排出把握管理促進法
│   ├── ダイオキシン類対策特別措置法，ダイオキシン類環境基準
│   └── PCB処理特別措置法
├── 自然環境
│   ├── 生物多様性基本法
│   ├── 自然環境保全法
│   └── 自然公園法
├── 地球環境
│   ├── 地球温暖化対策推進法
│   ├── オゾン層保護法
│   └── フロン回収・破壊法
├── 環境影響評価
│   └── 環境影響評価法
└── 放射性物質
    └── 放射性物質汚染対処特別措置法

図 4.1　環境法の体系（主な環境関連法）

による環境汚染を防止するための措置を原子力基本法に委ねる旨の第十三条は2012年に削除され，放射性物質による環境汚染の防止も環境基本法の対象となった。なお，福島原発から放出された放射性物質による環境汚染に対処するため，「平成二十三年三月十一日に発生した東北地方太平洋沖地震に伴う原子力発電所の事故により放出された放射性物質による環境の汚染への対処に関する特別措置法」（放射性物質汚染対処特別措置法，2012年）が策定された。

4.1.2 環境基本法（1993年公布・施行）

環境基本法の目的は，環境の保全について，基本理念を定め，国，地方公共団体，事業者，国民の責務を明らかにし，基本的施策を定めることである。

基本理念としては，①人間の生活と生態系との均衡を保ち，健全で恵み豊かな環境を将来にわたり継承していくこと，②環境への負荷の少ない持続的発展が可能な社会を構築していくこと，③国際的協調により積極的に地球環境を保全すること，としている。

この基本理念にのっとり，国や地方公共団体は環境保全の総合的施策を策定し，実施する責務があるとした。事業者は，事業活動を行うにあたって，ばい煙，汚水，廃棄物などの適正処理を行い，再生資源の利用に努め，国や地方公共団体の施策に協力する責務がある。また，国民は，日常生活での環境負荷の低減に努め，国や地方公共団体の施策に協力する責務がある。

基本的施策としては，政府に対して，①環境保全に関する総合的施策を推進するため環境基本計画を定めること，②大気汚染，水質汚濁，土壌汚染，騒音に係る環境基準を定めること，③都道府県に対して公害防止計画の策定を指示すること，④事業者による環境影響評価，環境負荷低減の施策に対する経済的助成，再生資源の利用，環境教育，環境情報の提供等を推進すること，⑤地球環境保全のための国際協力を推進すること，⑥公害防止の費用を原因者に負担（原因者負担）および自然環境保全の費用を受益者に負担（受益者負担）させるための措置を講じること，などを定めている。

環境基本計画は，国が環境保全に関する総合的かつ長期的な施策の大綱を定めるもので，第四次環境基本計画（2012年）では持続可能な社会を低炭素，循環，自然共生および安全を基盤とする社会として，環境政策の展開の方向と

取り組むべき重点分野を定めている．環境基準については 2.2 節でそれぞれ記述したとおりであり，環境基準を達成するために個別の法律で規制が実施される（後出の 4.2 節参照）．原因者負担は，汚染者負担の原則（polluter pays principle：PPP）ともいわれ，1972 年に経済開発協力機構（OECD）が提案した考え方で，汚染防止の費用は汚染者が支払うとする原則である．受益者負担とは，自然公園などの公共の財に対して，その保全の費用は利益を受ける者が負担（一般に納税者が税として）するという原則である．

国民の環境保全への関心と理解を深めるため，6 月 5 日を「環境の日」と定め，国や地方公共団体はその趣旨にふさわしい事業を実施するよう努めることとしている．

なお，地球環境保全を地球温暖化，オゾン層破壊，海洋汚染，野生生物種の減少およびその他の地球規模で環境に影響を及ぼす事態とし，公害を大気汚染，水質汚濁，土壌汚染，騒音，振動，地盤沈下，悪臭による人の健康または生活環境に係る被害が生じることと定義している．前述のとおり，2012 年に放射性物質による環境汚染の防止も環境基本法の対象となり，今後大気汚染，水質汚濁および土壌汚染に係る放射性物質の環境基準の設定やモニタリングなどが必要となろう．

4.2 典型七公害に係る法制度の概要

大気汚染防止法の目的は，工場や事業場の事業活動および建築物の解体に伴うばい煙，揮発性有機化合物および粉じんの排出の規制，有害大気汚染物質対策の実施の推進，自動車排出ガスに係る許容限度の設定により，大気の汚染を防止することである．ばい煙とは物の燃焼に伴い発生する硫黄酸化物，ばい塵，有害物質（カドミウム，塩素，フッ素，鉛およびそれぞれの化合物，窒素酸化物）である．揮発性有機化合物は大気中で気体である有機化合物をいい，粉じんは石綿の特定粉じんとそれ以外の一般粉じんに分けられている．これらの物質には排出基準（濃度規制）が定められており，ばい煙については汚染物質の排出量で規制する総量規制も実施できる．有害大気汚染物質は低濃度でも長期摂取により健康影響が生ずるおそれのある物質で，ベンゼンやトリクロロ

エチレンなど23種類が優先的に取り組むべき物質とされている。自動車から排出される窒素酸化物と粒子状物質に対しては，特別措置法として「自動車から排出される窒素酸化物及び粒子状物質の特定地域における総量の削減等に関する特別措置法」（自動車 NOx/PM 法）が定められている。

　水質汚濁防止法の目的は，特定施設を有する工場や事業場（特定事業場）から公共用水域に排出される水の排出および地下に浸透する水を規制するとともに，生活排水対策の実施を推進することにより，公共用水域および地下水の水質の汚濁を防止することである。特定施設とは政令で定める有害物質や生活環境に係る汚染物質を含む汚水または廃液を排出する施設をいい，特定施設を有する特定事業場に対して排出基準が定められている。国による排出基準は，有害物質は全特定事業場に対して，生活環境に係る汚染物質は排出量 50 m^3/日以上の特定事業場に対して（裾切りという），全国一律に定められている（一律排水基準）。一方，都道府県は一律排水基準より厳しい基準（上乗せ排水基準）を条例で定めることができ，また，排出量 50 m^3/日未満の事業場に適用することもできる（裾下げという）。一律排水基準は濃度規制であるが，その基準のみでは水質環境基準の達成が困難である場合，生活環境に係る汚染物質に対して汚濁負荷量の総量を削減する総量規制を掛けることができる。また，生活排水対策の実施に関しては，下水道の設置や管理の基準等を定めた下水道法，浄化槽の設置や管理の基準等を定めた浄化槽法などがある。

　土壌汚染対策法の目的は，土壌の特定有害物質による汚染の状況の把握およびその汚染による人の健康被害の防止に関する措置を定め，土壌汚染対策の実施を図ることである。特定有害物質とは，鉛，砒素，トリクロロエチレン，その他の物質（放射性物質を除く）であって，政令で定めるものをいう。土壌の汚染状況の調査は，水質汚濁防止法の有害物質使用特定施設の使用を廃止した場合，土壌汚染のおそれがある 3,000 m^2 以上の土地の形質変更が行われる場合，土壌汚染による健康被害が生ずるおそれがあると県が認める場合について実施される。調査の結果，特定有害物質による汚染状態が環境省令で定める基準に適合しない土地で，健康被害が生ずるおそれがある土地は所有者または汚染原因者に対して汚染の除去等の措置を指示・命令する要措置区域，健康被害が生ずるおそれがない土地は形質変更時に届出を要する形質変更時要届出区域

に指定される。また，自然的要因による土壌汚染については，土壌環境基準は適用されないが，環境省の技術的助言として土壌汚染対策法の適用が可能であるとされている。なお，農用地の土壌の汚染に関しては「農用地の土壌の汚染防止等に関する法律」（農用地土壌汚染防止法）が適用される。

騒音規制法の目的は，工場や事業場における事業活動ならびに建設工事に伴って発生する騒音について必要な規制を行うとともに，自動車騒音に係る許容限度を定めること等により，生活環境を保全することである。騒音の規制基準は，政令で定める特定工場等や特定建設作業において発生する騒音について，時間（昼間，朝・夕，夜間）と区域の区分ごとに定められている。自動車騒音の許容限度は，環境省令で時間（昼間，夜間）と区域の区分ごとに定められている。

振動規制法の目的は，工場や事業場における事業活動ならびに建設工事に伴って発生する振動について必要な規制を行うとともに，道路交通振動に係る要請の措置を定めること等により，生活環境を保全することである。振動の規制基準は，政令で定める特定工場等や特定建設作業において発生する振動について，時間（昼間，夜間）と区域の区分ごとに定められている。道路交通振動の限度は，環境省令で時間（昼間，夜間）と区域の区分ごとに定められている。

地盤沈下を防止するための主な法律は，「建築物用地下水の採取の規制に関する法律」（建築物用地下水採取規制法，ビル用水法）と工業用水法である。ビル用水法の目的は，特定の地域内における建築物用地下水の採取について，地盤沈下の防止のための必要な規制を行うことである。建築物用地下水とは冷房設備，水洗便所，その他政令で定める設備の用に供する地下水であり，温泉や工業用水を除く。規制する地域は，地下水採取により地盤が沈下し，これに伴って高潮や出水等による災害が生ずるおそれがある地域で，政令で指定する。指定地域内で建築物用地下水を採取する場合，揚水設備が環境省令で定める技術的基準に適合していなければならない。工業用水法の目的は，特定の地域における工業用水の確保と地下水水源の保全を図り，工業の健全な発達と地盤の沈下の防止に資することである。規制する地域は，地下水採取により地下水の水位が異常に低下し，塩水や汚水が地下水水源に混入し，または地盤が沈

下している地域において揚水量が大であり，地下水水源の保全に規制が必要な場合，政令で指定する。指定地域内で工業用地下水を採取する場合，揚水設備が経済産業省令・環境省令で定める技術的基準に適合していなければならない。

悪臭防止法の目的は，工場その他の事業場における事業活動に伴って発生する悪臭について，必要な規制やその他の対策を推進することにより生活環境を保全することである。規制基準は，大気中の特定悪臭物質の濃度の許容限度として環境省令で定められている。特定悪臭物質とは，アンモニア，メチルメルカプタン，その他の不快なにおいの原因となり，生活環境を損なうおそれのある物質であり，政令で定めるものをいう。

4.3　廃棄物・資源循環，化学物質，自然環境保全等に係る法制度の概要

4.3.1　循環型社会形成推進基本法と廃棄物関連法
(1)　資源循環に係る主な環境法の変遷

わが国の循環型社会に係る主な環境法の変遷は，表 4.1 のように整理できる。最初の廃棄物に係る法律ともいえる汚物掃除法が制定されたのは 1900 年である。明治以後の近代国家の形成とともに，ごみ量の増大や感染症の流行により，ごみの衛生的処理が求められるようになり，ごみ処理が市町村の責任として定められた。また，し尿が次第に肥料として使われなくなり，1954 年にはし尿の衛生的処理を定めた清掃法が制定された。さらに，高度経済成長期を迎えて増大する産業廃棄物の対策として，1970 年に廃棄物処理法が制定された。それでも増え続ける廃棄物に対して，2000 年には前述の循環型社会形成推進基本法および資源循環関連法が整備されるに至った。これは奇しくも 1900 年の汚物掃除法から 100 年目のことであった。

こうして，その後に制定された法律を含めて，わが国の資源循環に係る環境法が整備された。このうち，廃棄物処理法は，廃棄物の急激な増大を受けて清掃法を改正する形で 1970 年に制定されたが，その後数回の改正を受けて，2000 年に改正された廃棄物処理法が現在のものである。資源有効利用促進法は，循環型社会の形成を背景とした廃棄物の発生抑制やリサイクル対策のた

表4.1 循環型社会にかかわる主な環境法の変遷

公布・改正年	法律名（通称名）	法律の制定・改正の要点
1900年(明治33年)	汚物掃除法	ごみの埋立て処理
1930年(昭和5年)	汚物掃除法の改正	ごみの焼却処理の義務化（直接埋め立てが続く）
1954年(昭和29年)	清掃法	し尿の衛生的処理
1967年(昭和42年)	公害対策基本法	典型七公害の総合的対策，環境基準
1970年(昭和45年)	公害対策基本法の改正	公害防止のための自治体の権限
	廃棄物処理法	ごみの焼却・埋立て処理
1991年(平成3年)	再生資源利用促進法	企業のリサイクル促進
1993年(平成5年)	環境基本法	持続的発展が可能な社会，地球環境保全等
1995年(平成7年)	容器包装リサイクル法	びん，PETボトル，段ボール等のリサイクル
1997年(平成9年)	環境影響評価法	一定規模以上の事業に対する環境影響評価
1998年(平成10年)	家電リサイクル法	テレビ，冷蔵庫，洗濯機，エアコンのリサイクル
2000年(平成12年)	循環型社会形成推進基本法	循環型社会の形成，拡大生産者責任
	廃棄物処理法の改正	再生利用認定制度，管理票制度の拡大，罰則強化等
	資源有効利用促進法	廃棄物の発生抑制，再使用，再生利用
	建設リサイクル法	建設廃棄物のリサイクル
	食品リサイクル法	食品廃棄物のリサイクル
	グリーン購入法	国によるエコマーク製品購入
2002年(平成14年)	自動車リサイクル法	使用済み自動車のリサイクル
2012年(平成24年)	小型家電リサイクル法	携帯電話等の小型家電のレアメタル等の回収

め，1991年に制定された再生資源利用促進法が改正される形で2000年に制定されたものである。

　環境基本法は環境保全の全般に関する基本理念を定め，その大きな枠組みの下で，循環型社会形成推進基本法は循環型社会の形成にかかわる基本原則や基本的施策を定めている。さらに，その枠組みの下で，廃棄物処理や資源の有効利用およびリサイクルに係る個別の法律がある。廃棄物処理法は廃棄物の減量化や適正な処理・処分を規定し，資源有効利用促進法は廃棄物の発生抑制・再使用・再生利用を図ることを定めている。個別のリサイクル法で容器包装廃棄物，家電廃棄物，建設廃棄物，食品廃棄物，使用済自動車などのリサイクルの促進を図り，また，国に対するエコマーク製品などの積極的購入などを定めている。

このほか，旧農業基本法に代わって1999年に制定された食料・農業・農村基本法に基づき，同年に家畜排泄物の有効利用に関する法律が制定されている。

(2) 循環型社会形成推進基本法（2000年公布・2001年施行）

循環型社会形成推進基本法の目的は，環境基本法の基本理念にのっとり，循環型社会の形成について基本原則を定め，国，地方公共団体，事業者，国民の責務を明らかにし，基本的施策を定めることである。

基本原則としては，①循環型社会の形成は持続的発展が可能な社会の実現を旨として推進すること，②国，地方公共団体，事業者，国民が役割・費用を適切に分担すること，③原材料の効率的利用や製品等の長期使用により廃棄物などの発生を抑制すること，④循環資源（廃棄物等のうち有用なもの）を循環利用し，循環利用が行われないものは適正に処分すること，⑤循環資源の循環利用および処分は原則として再使用，再生利用，熱回収，処分の優先順位で行うこと，としている。

役割分担として，国は，基本原則に基づいた循環型社会形成推進基本計画を策定・実施する責務がある。地方公共団体は，当該区域の自然的社会的条件に応じた施策を策定・実施する責務がある。事業者は，基本原則の③発生抑制，④循環利用および適正処分，⑤循環利用の原則に従う責務があり，製造・販売等を行う事業者は製品等の耐久性向上や循環資源の引取りなどを行う責務があるとしており，ここには拡大生産者責任が盛り込まれている。また，国民は，製品等の長期使用，再生品の使用，循環資源の分別回収への協力，循環資源の事業者への引渡しなどを行う責務がある。拡大生産者責任（extended producer responsibility：EPR）とは，製品の使用が終わり排出された後の回収・リサイクル・最終処分まで製品の生産者の責任を拡大するという考え方である。EPRは，廃棄物管理にかかわる政府の財政負担を軽減するための手段でもある（OECDの考え方）。

基本的施策としては，政府に対して，①循環型社会の形成に関する施策の総合的推進を図るため循環型社会形成推進基本計画を定めること，②事業者に対する原材料の効率的利用や容器等の再使用のための規制，国民に対する製品等

の長期使用や過剰容器等のない商品の選択の推奨などを行うこと，③再生品の使用の促進を図ること，④循環利用・処分に伴う汚染物質の排出の規制および汚染物質の排出事業者に対する原状回復の費用負担に関する措置をとること，⑤リサイクル業者に対する経済的助成，リサイクル施設の整備，循環型社会形成に関する教育や国際協力を推進する措置をとること，などを定めている。

(3) 廃棄物処理法（2000年改正・2001年施行）

廃棄物処理法（正式名称：廃棄物の処理及び清掃に関する法律）の目的は，廃棄物の排出を抑制し，適正な処理をすることによって，生活環境の保全および公衆衛生の向上を図ることである。廃棄物の排出抑制と適性処理に対して，国民，事業者，国および地方公共団体の責務を明らかにし，都道府県の廃棄物処理計画に基づいて施策を講ずることとしている。なお，廃棄物は一般廃棄物と産業廃棄物に分類されるが，その定義などは2.2.4項で説明してある。

この法律では廃棄物の処理責任はその排出者にあるとされ，廃棄物の排出者が排出抑制や適正処理に対する責任を負うという排出者責任の原則が盛り込まれている。排出者である国民は，排出抑制，再生品の使用，分別排出などにより，廃棄物の減量・適正処理に関して国や地方公共団体の施策に協力する責務がある。事業者は，事業活動に伴う廃棄物を自ら処理・再生利用し，適正処理を考慮した製品開発等により処理が困難にならないよう配慮する責務がある。そのうえで，市町村は一般廃棄物の処理の責任を負い，一般廃棄物処理計画を定め，区域内の廃棄物の収集・処理・処分を行うこととされている。都道府県は，市町村の一般廃棄物処理に必要な技術的援助を与え，また，区域内の産業廃棄物の処理に必要な措置を講ずる責務がある。国は，廃棄物に関する情報収集や技術開発を図り，都道府県と市町村に技術的・財政的援助を与える責務がある。

産業廃棄物の処理は，排出者が自ら処理することが義務づけられているが，実際には都道府県の許可を得た産業廃棄物処理業者に委託されていることが多い。産業廃棄物を排出する事業者は，その運搬や処分を委託する者に産業廃棄物管理票（マニフェスト）を交付し管理しなければならない。マニフェストには，産業廃棄物の種類・数量・運搬や処分の受託者の氏名などを記載する。こ

のマニフェストは，排出者が交付し，運搬・中間処理・最終処分にかかわる業者がそのつど必要事項を記載し，その写しが最終的に排出者に戻される。排出者は，マニフェストの記載内容から産業廃棄物が委託どおり適正に処理されているかどうかを確認できる。

産業廃棄物のうち，爆発性，毒性，感染性その他の人の健康や生活環境に被害を生ずるおそれのある性状を有するものは特別管理産業廃棄物に分類され，これを生ずる事業場には特別管理産業廃棄物管理責任者を置かなければならない。事業者は，特別管理産業廃棄物の運搬や処分を行う場合は，政令で定める特別管理産業廃棄物処理基準に従う義務がある。

(4) 資源有効利用促進法（2000年公布・2001年施行）

資源有効利用促進法（正式名称：資源の有効な利用の促進に関する法律）の目的は，使用済物品等（廃棄物と考えてよい）の発生抑制，再生資源の利用，再生部品の利用により，資源の有効利用および廃棄物の発生抑制を図ることである。この法律は，1991年に制定された再生資源利用促進法を改正する形で制定された。ここに，再生資源とは使用済物品等のうち原材料として利用できるもの，再生部品とは使用済物品等のうち部品その他製品の一部として利用できるもの，再資源化とは使用済物品等のうち全部または一部を再生資源または再生部品として利用できる状態にすることをいう。

規制の対象として，政令で業種と製品が定められている。対象業種としては，副産物の発生抑制と再生資源の利用を求める特定省資源業種（紙・パルプ製造業，自動車製造業など），再生資源または再生部品の利用を求める特定再利用業種（建設業，複写機製造業など）が定められている。対象製品としては，製品の原材料に係る資源の有効利用を求める指定省資源化製品（パソコン，家電製品など），使用済製品の全部または一部を再生資源や再生部品として利用する指定再利用促進製品（自動車，家電製品など），分別回収のための表示を求める指定表示製品（ペットボトル，容器包装など），使用済製品の自主回収と再資源化を求める指定再資源化製品（パソコン，小型2次電池）である。このほか，エネルギー供給または建設工事に係る副産物で，再生資源として利用を求める指定副産物（電気業の石炭灰，建設業の土砂・コンクリート・

アスファルト−コンクリート・木材）がある。

　循環型社会形成推進基本法および資源有効利用促進法に基づいて，廃棄物の発生抑制と資源の有効利用を図るため，使用済物品等に対する廃棄物の発生抑制（reduce），部品その他製品として利用する再使用（reuse）および原材料として利用する再生利用（recycle）からなる3R政策が進められている。たとえば，リデュースは買い物での過剰な包装をやめたり，マイカーではなくバスや鉄道を利用したりすることで廃棄物（ごみや排ガス）の発生を抑制し，リユースは各種中古品やビールびんなどの繰り返し利用が挙げられる。リサイクルとしては新聞紙やアルミ缶を回収し，それを原材料として新たな製品をつくることが古くから行われており，近年では家電製品や建設廃棄物などのリサイクルも行われている。なお，リサイクル推進を掲げてフリーマーケットが開催されることがあるが，使わなくなった衣類や日用品を売買・使用するのは，厳密にはリサイクルではなく，リユース（再使用）である。

4.3.2　資源循環（リサイクル）関連法
(1)　容器包装リサイクル法（1995年公布・2000年施行）
　容器包装リサイクル法（正式名称：容器包装に係る分別収集及び再商品化の促進等に関する法律）の目的は，容器包装廃棄物の分別収集および再商品化により，一般廃棄物の減量と再生資源の利用を図ることである。容器包装とは，商品の容器と包装で消費や分離により不要となったものであり，特定容器と特定包装に分類されている。特定容器はガラス容器，ペットボトル，スチール缶，アルミ缶，プラスチック容器，紙容器，段ボールなどである。特定包装は，容器包装のうち特定容器以外のものであり，商品を入れる袋，容器の栓・ふた，容器の中仕切りや上げ底などである。なお，容器包装は一般廃棄物のうち容積比で60%，重量比で20～30%を占めている。

　容器包装のリサイクルにおいては，消費者，市町村，事業者が一体となってそれぞれの役割を果たすことが重要である。消費者は，リターナブル容器（ビールびんなどのように繰り返し利用が可能な容器）の使用や過剰包装の制御により容器包装廃棄物の排出を抑制するとともに，分別収集に協力しなければならない。市町村は容器包装廃棄物を分別収集するよう努め，都道府県は市

町村に対して技術援助を行う。国はリサイクルに係る資金の確保や研究開発を行う。事業者は，容器包装廃棄物の排出を抑制するとともに，分別収集された容器包装廃棄物を再商品化しなければならない。容器包装廃棄物の再商品化ルートには，消費者が直接販売店に渡す自主回収ルート，市町村が分別収集したものを指定法人を通す指定法人ルートと通さない独自ルートがあり，指定法人としては㈶日本容器包装リサイクル協会がある。

(2) 家電リサイクル法（1998年公布・2001年施行）

家電リサイクル法（正式名称：特定家庭用機器再商品化法）の目的は，特定家庭用機器廃棄物の再商品化等により，廃棄物の減量および資源の有効利用を図ることである。特定家庭用機器とは，一般消費者が日常用いる電気機械器具その他の機械器具であり，現在のところ政令で定めるエアコン，テレビ，電気冷蔵庫，電気洗濯機・衣類乾燥機の4品目が対象である。再商品化等とは，再商品化と熱回収であり，熱回収は再商品化されたもの以外で燃焼用として利用できるものである。

家庭用機器廃棄物（家電）のリサイクルは，図4.2に示したように，消費者による排出，家電小売店による収集・運搬，製造業者による再商品化の流れで

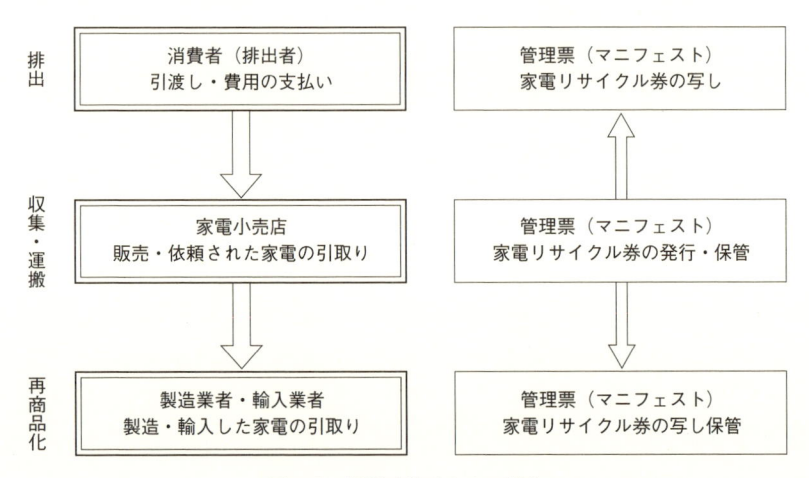

図4.2 家電リサイクルの流れ

表される。消費者（排出者）は，家電の長期使用に努め，廃棄物として排出する場合は家電小売店に対象家電を引き渡し，収集・運搬・再商品化等のリサイクル費用を支払う。家電小売店は，自らが過去に販売した家電または引取りを依頼された家電を消費者より引き取り，対象家電の製造業者などに引き渡す。家電小売店には対象家電の引取り・引渡しの義務がある。製造業者等（製造業者，輸入業者）は，引き取った家電を再商品化等基準に従って再商品化を行う。

　対象家電が小売店から製造業者等に適切に引き渡されることを確保するために，小売店は管理票（マニフェスト）を収集運搬業者に交付し，その写しを消費者に渡し，収集運搬業者は管理票を製造業者等に渡すことになっている。小売店と製造業者等は管理票の写しを保管する義務がある。管理票の代わりに，小売店が発行する家電リサイクル券を一般に利用する。家電リサイクル券は，管理票としての役割のほかに，消費者のリサイクル費用の支払いを兼ねている。

(3) 建設リサイクル法（2000年公布・2002年施行）

　建設リサイクル法（正式名称：建設工事に係る資材の再資源化等に関する法律）の目的は，特定建設資材について，その分別解体等および再資源化等を促進し，資源の有効利用および廃棄物の適正処理を図ることである。特定建設資材とは建設工事（土木・建築に関する工事）に用いるコンクリート塊，アスファルト・コンクリート塊，木材のうち，建設資材廃棄物となった場合に再資源化が求められるものである。コンクリート塊には鉄筋も含まれ，アスファルト・コンクリート塊は舗装の剥ぎ取りや削り取りによって生じるアスファルトがらである。

　本法の柱は，分別解体等の実施義務と再資源化等の実施義務である。分別解体等の実施義務とは，特定建設資材を用いた建築物等（建築物その他の工作物）の解体工事または新築工事で一定規模以上のもの（対象建設工事）の受注者は，特定建設資材の種類に分けて分別解体等または新築工事の場合は副次的に生ずる建設資材廃棄物の分別をすることである。これにより，かつて行われていた混合解体，いわゆるミンチ解体はできなくなった。

再資源化等の実施義務とは，対象建設工事の受注者は分別解体等に伴って生ずる建設資材廃棄物の再資源化等，すなわち資材や原材料として利用または燃焼により熱を得ることに利用が可能な状態にすること，を行うことである。ただし，木材については，再資源化に過大なコストがかかる場合，焼却，脱水，圧縮などによりその大きさを減らすこと（縮減という）でよいとしている。

(4) 食品リサイクル法（2000年公布・2001年施行）

食品リサイクル法（正式名称：食品循環資源の再生利用等の促進に関する法律）の目的は，食品廃棄物の発生抑制と減量化を図り，食品関連事業者等による食品循環資源（食品廃棄物のうち有用なもの）の再生利用を促進することである。消費者や事業者は食品廃棄物の発生抑制と減量化に努め，さらに食品関連事業者等は食品循環資源の再生利用に努めることとしている。

食品廃棄物とは，図4.3に示したように，食品の製造や調理の過程（食品加工業等）で生ずる動植物性の残渣，流通過程（スーパー，コンビニなど）で生ずる売れ残り，消費過程（外食業，家庭など）で生ずる調理くずや食べ残し等である。このうち製造過程から出る廃棄物は産業廃棄物であり，流通過程および消費過程から出る廃棄物は一般廃棄物扱いとなる。この法律の再生利用の対象となるのは，家庭から出る一般廃棄物ではなく，食品関連事業者等が排出する食品廃棄物である。食品関連事業者等とは食品の製造，加工，卸売，小売を

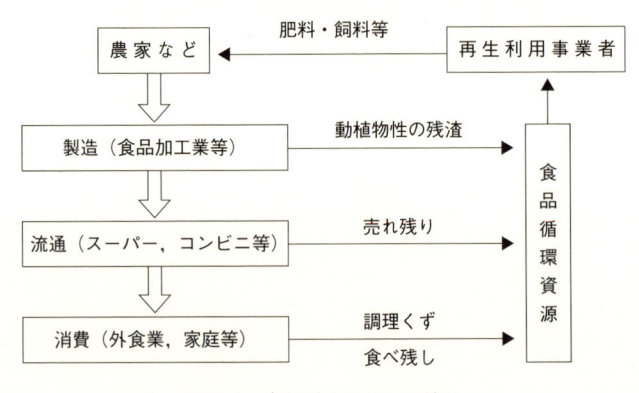

図4.3 食品リサイクルの流れ

業とするもの，または飲食店業その他食事の提供を伴う事業として政令で定めるものをいう。

再生利用の方法としては肥料化，飼料化，メタン発酵，生分解性プラスチック製造などが考えられている。また，再生利用を行う事業者についての登録制度を設け，委託による再生利用の促進を図っている。

(5) 自動車リサイクル法（2002年公布・2004年施行）

自動車リサイクル法（正式名称：使用済自動車の再資源化等に関する法律）の目的は，使用済自動車の再資源化等により，それに係る廃棄物の減量化・適正処理および資源の有効利用を図ることである。ここに，再資源化等とは，使用済自動車の全部または一部の再使用・再生利用や燃焼による熱回収等の再資源化およびフロン類の回収をいう。

自動車のリサイクルは使用済部品やスクラップとしての金属類の再利用が行われてきたが，近年自動車の解体・破砕後の残渣（シュレッダーダスト）の適正処理が問題となってきた。このため，拡大生産者責任の考え方に基づき，自動車製造業者等のリサイクルの責務と利用者の費用負担を定めたのが自動車リサイクル法である。自動車製造業者等（自動車の製造業者と輸入業者）は，自動車の長期使用および使用済自動車の再資源化等の促進に努め，再資源化等に携わる関連事業者に対して自動車の構造や原材料の情報を提供するよう努めることが求められている。関連事業者とは，使用済自動車の引取業者，フロン類回収業者，解体業者または破砕業者をいう。自動車製造業者等は，リサイクルの費用を新車販売時（本法施行以前の既販売車は最初の車検時）に購入者から徴収し，実際のリサイクルは関連業者に委託することができる。

自動車の所有者は，当該自動車が使用済自動車となったときは，それを引取業者に引き渡さなければならない。当該自動車は引取業者からフロン類回収業者に引き渡され，フロン類が回収され，次に解体業者に引き渡され，エアバッグが回収され，最後に破砕業者に引き渡される。破砕業者は，破砕後のシュレッダーダストを自動車製造業者等に引き渡す。ここに，解体業者は解体時に有用な部品を再資源化し，破砕業者は破砕時に有用な金属を再資源化することが求められている。

(6) 小型家電リサイクル法（2012年公布・2013年施行）

　小型家電リサイクル法（正式名称：使用済小型電子機器等の再資源化の促進に関する法律）の目的は，使用済小型電子機器等の再資源化を促進することにより，希少金属の再生利用や不適切な廃棄による環境汚染を防止することである。小型電子機器とは，急速に普及している携帯電話，デジタルカメラ，携帯音楽プレイヤーやゲーム機器などであり，そこには各種金属および希土類のレアメタルやレアアースと呼ばれるものが多用されている。一方，機種の更新・世代交替やブームのすたれなどにより大量廃棄されており，その結果貴金属やレアメタル等が廃棄・放置されている状況である。これを比喩して都市鉱山という。そこで，これらの希少資源の有効な回収・再資源化を図るとともに，不適切な廃棄を防止することを企図するものである。小型家電リサイクル法は，家電リサイクル法とは異なり，回収・リサイクルの対象品目と具体的方法，費用負担については各自治体において独自に定め，実施することとされている。

(7) グリーン購入法（2000年公布・2001年施行）

　グリーン購入法（正式名称：国等による環境物品等の調達の推進等に関する法律）の目的は，国と独立行政法人は物品調達にあたって環境物品等を選択するよう努め，地方公共団体は環境物品等への需要転換の措置を講ずることにより，資源循環を普及させ環境負荷の少ない社会を構築することである。環境物

図4.4　シンボルマークを使った環境ラベルの例

品等とは，再生資源，環境負荷の少ない原材料または部品，再使用・再生利用がしやすい製品をいう。

環境物品等に関する情報提供は，事業者による情報，環境ラベルによる情報，国による情報等がある。このうち，環境ラベルとは，「製品やサービスの環境側面について，製品や包装ラベル，製品説明書，技術報告，広告，広報などに書かれた文言，シンボルまたは図形・図表を通じて購入者に伝達するもの」である。環境ラベルのシンボルマークの例を図4.4に示す。

4.3.3 化学物質関連法
(1) 化学物質審査規制法（1973年公布・1974年施行）

化学物質審査規制法（化審法ともいう）（正式名称：化学物質の審査及び製造等の規制に関する法律）の目的は，人の健康または動植物の生息・生育に被害を及ぼすおそれがある化学物質による環境汚染を防止するため，新規の化学物質の製造または輸入に際し，事前にその化学物質の性状を審査し，その性状に応じて化学物質の製造，輸入，使用等について必要な規制を行うことである。化学物質（放射性物質や覚せい剤・麻薬等を除く）は，その性状（分解性，蓄積性，人への毒性，生態毒性など）に応じて，特定化学物質と監視化学物質に分類され，それぞれについて措置が定められている。

第一種特定化学物質は，難分解性，高蓄積性および長期毒性または高次捕食動物への慢性毒性を有する化学物質であり，PCB等13物質を政令で指定してある。第二種特定化学物質は，難分解性，長期毒性または生活環境動植物への長期毒性を有する化学物質であり，トリクロロエチレン等23物質を政令で指定してある。

第一種監視化学物質は，難分解性かつ高蓄積性があると判明した既存化学物質である。既存化学物質とは，昭和48年に化審法が公布された際に，現に業として製造または輸入されていた化学物質で，約2万種，5万物質が「既存化学物質名簿」に収載されている。第二種監視化学物質（旧法における指定化学物質）は，高蓄積性は有さないが，難分解性であり，長期毒性の疑いのある化学物質であり，クロロホルム等739物質が指定されている。第三種監視化学物質は，難分解性があり，動植物一般への毒性（生態毒性）のある化学物質であ

る。

　新規化学物質については，生分解性，蓄積性，変異原性および毒性に関する試験項目の結果を届出者が提出し，国はこれをもとに審査・判定を行う。具体的には，当該化学物質に対する微生物等による分解度試験，魚介類の体内における濃縮度試験，細菌を用いる復帰突然変異試験，ほ乳類培養細胞を用いる染色体異常試験，ほ乳類を用いる 28 日間の反復投与毒性試験，藻類生長阻害試験，ミジンコ急性遊泳阻害試験，魚類急性毒性試験などである。

(2) 化学物質排出把握管理促進法（1999 年公布・2001 年施行）

　化学物質排出把握管理促進法（化管法ともいう）（正式名称：特定化学物質の環境への排出量の把握及び管理の改善促進に関する法律）の目的は，化学物質の管理に関する国際的動向を踏まえ，特定の化学物質の環境への排出量等の把握ならびに事業者による特定の化学物質の性状および取扱いに関する情報の提供により，事業者による化学物質の自主的管理の改善を促進し，環境保全上の支障を防止することである。化管法は PRTR 制度（Pollutant Release and Transfer Register）と SDS 制度（Safety Data Sheet）の 2 本柱で構成されている。わが国では SDS を以前は MSDS と表記していたが，化学品の分類・表示方法の国際標準である「化学品の分類及び表示に関する世界調和システム（GHS）」に従い，2012 年度から SDS を使うことになった。

　PRTR 制度とは，人の健康や生態系に有害なおそれのある化学物質について，事業所からの環境（大気，水，土壌）への排出量および廃棄物に含まれての事業所外への移動量を，事業者が自ら把握し国に対して届け出るとともに，国は届出データや推計に基づき，排出量・移動量を集計し，公表する制度である。SDS 制度とは，事業者による化学物質の適切な管理の改善を促進するため，化管法で指定された化学物質またはそれを含有する製品（化学品）を他の事業者に譲渡または提供する際に，SDS（安全データシート）により，その化学品の特性および取扱いに関する情報を事前に提供することを義務づけるとともに，ラベルによる表示に努めさせる制度である。

　本法で対象となる化学物質は，人や生態系への有害性またはオゾン層の破壊性があり，環境中に広く存在する（暴露可能性がある）と認められる物質であ

り，第一種指定化学物質として462物質，それ以外の第二種指定化学物質として100物質が指定されている．PRTR制度の対象物質は，第一種指定化学物質であり，そのうち発がん性，生殖細胞変異原性および生殖発生毒性が認められる特定第一種指定化学物質として15物質が指定されている．SDS制度の対象物質は，第一種指定化学物質と第二種指定化学物質の562物質である．

(3) ダイオキシン類

ダイオキシン類対策特別措置法（1999年公布・2000年施行）の目的は，ダイオキシン類による環境汚染の防止およびその除去等のため，施策の基本とすべき基準を定めるとともに，必要な規制，汚染土壌に係る措置等を定め，国民の健康を保護することである．ダイオキシン類とは，ポリ塩化ジベンゾフラン（PCDF），ポリ塩化ジベンゾ-パラ-ジオキシン（PCDD），コプラナーポリ塩化ビフェニル（コプラナーPCB）をいう．この法律の概要は2.2.5項に記述したとおりであり，耐容一日摂取量（TDI），環境基準，特定施設に対する排出基準（排出ガス，排出水）などを定めている．

PCB処理特別措置法（正式名称：ポリ塩化ビフェニル廃棄物の適正な処理の推進に関する特別措置法）（2000年公布・施行）の目的は，ポリ塩化ビフェニル（PCB）が難分解性の性状を有し，かつ，人の健康および生活環境に係る被害を生ずるおそれがある物質であり，さらにわが国においてPCB廃棄物が長期にわたり処分されていない状況にあることから，PCB廃棄物の保管と処分等について必要な規制等を行い，その適正な処理を推進することである．PCBは耐熱性，耐薬品性，電気絶縁性が高く，かつて熱媒体，変圧器やコンデンサ等の絶縁油などに広く用いられたが，生体に対する毒性や発がん性が高いことから，1975年に製造および輸入が禁止された．PCBのビフェニル構造（2個のベンゼン環が単一結合した構造）は，フェニル基に置換する塩素の位置によって共平面構造（2個のベンゼン環が同一平面上にある扁平形，coplanar）を取るコプラナーPCBと取らないPCBに分けられ，コプラナーPCBのほうがダイオキシン様毒性は高い．PCBには置換塩素の数（1～10個）と位置により209種類の異性体が存在する．国はポリ塩化ビフェニル廃棄物処理基本計画を定め，その基本計画にのっとり，都道府県はPCB廃棄物の適正処理に

関する計画の策定と実施を行う．

4.3.4 自然環境保全関連法

生物多様性基本法（2008年公布・施行）の目的は，環境基本法の基本理念にのっとり，生物の多様性の保全および持続可能な利用について基本原則を定め，ならびに国，地方公共団体，事業者，国民および民間の団体の責務を明らかにするとともに，生物多様性国家戦略の策定およびその他の施策の基本事項を定め，豊かな生物の多様性を保全し，その恵沢を将来にわたって享受できる自然共生社会の実現を図ることである．基本原則として，①野生生物の種の保存および自然的社会的条件に応じた自然環境の保全，②生物多様性への影響を最小とする国土・自然資源の持続可能な利用，③生物多様性を保全する予防的かつ監視結果を反映させる取組み・事業，④長期的な生態系保全・再生，⑤地球温暖化対策との連携などを挙げている．生物多様性国家戦略 2012-2020 の概要は，3.4節（3）で記述したとおりである．

自然環境保全法（1972年公布・1973年施行）の目的は，自然公園法等と相俟って，自然環境を保全することが特に必要な区域等の生物の多様性の確保，その他の自然環境の適正な保全を総合的に推進することにより，国民が自然環境の恵沢を享受するとともに，将来の国民にこれを継承できるようにすることである．国は，自然環境の保全を図るための自然環境保全基本方針を定め，原生自然環境保全地域および自然環境保全地域の指定と生物多様性確保等の施策，都道府県自然環境保全地域の指定基準と生物多様性確保等の施策の基準などを定める．

自然公園法（1957年公布・施行）の目的は，優れた自然の風景地を保護するとともに，その利用の増進を図ることにより，国民の保健，休養および教化に資するとともに，生物多様性の確保に寄与することである．自然公園とは国立公園，国定公園および都道府県立自然公園をいい，国は公園計画に基づき国立公園または国定公園の保護または利用施設，生態系の維持・回復などに関する公園事業を行い，都道府県は条例に基づき都道府県立自然公園の保護または利用に関する規制を行う．

4.4 地球環境保全に係る法制度の概要

(1) 地球温暖化対策推進法（1998年公布・1999年施行）

　地球温暖化対策推進法（温対法ともいう）（正式名称：地球温暖化対策の推進に関する法律）の目的は，地球温暖化が地球環境に深刻な影響を及ぼすものであり，気候に対して危険な人為的影響を及ぼさない水準にまで大気中の温室効果ガスの濃度を安定化させるため，地球温暖化対策計画を策定し，また，社会経済活動等による温室効果ガスの排出の抑制を促進するための措置を講ずることにより，地球温暖化対策の推進を図り，現在および将来の国民の健康で文化的な生活の確保に寄与することである。この法律において地球温暖化対策とは，温室効果ガスの排出の抑制ならびに吸収作用の保全および強化その他の国際協力により，地球温暖化の防止を図るための施策をいう。温室効果ガスとは，二酸化炭素（CO_2），メタン（CH_4），一酸化二窒素（N_2O），ハイドロフルオロカーボン（HFC），パーフルオロカーボン（PFC），六フッ化硫黄（SF_6）である。

　国は，温室効果ガスの濃度変化，気候の変動および生態系の状況を把握するための観測・監視を行うとともに，総合的かつ計画的な地球温暖化対策を策定・実施し，さらに自ら温室効果ガスの排出量の削減ならびに吸収作用の保全・強化のための措置を講ずる。地方公共団体は，その区域の温室効果ガスの排出の抑制等の施策を推進し，自ら温室効果ガスの排出量の削減ならびに吸収作用の保全・強化のための措置を講ずる。温室効果ガスの吸収作用の保全・強化は，森林の整備・保全または緑地の保全・緑化などにより図る。事業者は，事業活動による温室効果ガス排出を抑制するように努め，国および地方公共団体が実施する施策に協力しなければならない。国民は，日常生活において温室効果ガスの排出の抑制に努め，国および地方公共団体が実施する施策に協力しなければならない。

(2) オゾン層保護法（1988年公布・施行）

　オゾン層保護法（正式名称：特定物質の規制等によるオゾン層の保護に関する法律）の目的は，国際的取組みである「オゾン層の保護のためのウィーン条

約」および「オゾン層を破壊する物質に関するモントリオール議定書」の円滑な実施を確保するため，オゾン層を破壊する特定物質の製造の規制ならびに排出の抑制および使用の合理化に関する措置を講ずることである．特定物質とは，政令で定める各種のクロロフルオロカーボン（CFC），ハロン，ハイドロクロロフルオロカーボン（HCFC），ハイドロブロモフルオロカーボン（HBFC），および四塩化炭素，トクロロエタン，臭化メチルなどである．

特定物質の数量は，特定物質の重量に政令で定めるオゾン破壊係数（Ozone Depletion Potential：ODP）を乗じて求める．オゾン破壊係数は大気中に放出された単位重量の物質がオゾン層に与える破壊効果をCFC-11を1.0とした場合の相対値で表す．CFCの塩素が臭素で置換されたものをハロンといい，臭素は塩素よりもオゾン層破壊の効果が大きいため，特定物質の中でもハロンはオゾン破壊係数が大きい（ハロン1211は3.0，ハロン1301は10.0，ハロン2402は6.0）．

(3) フロン回収・破壊法（2001年公布・2002年施行）

フロン回収・破壊法（正式名称：特定製品に係るフロン類の回収及び破壊の実施の確保等に関する法律）の目的は，オゾン層を破壊しまたは地球温暖化に深刻な影響をもたらすフロン類の大気中への排出を抑制するため，特定製品からのフロン類の回収およびその破壊の促進等に関する指針を定め，フロン類の回収および破壊を実施するための措置を講ずることである．

対象とするフロン類は，クロロフルオロカーボン（CFC）とハイドロクロロフルオロカーボン（HCFC）のうちオゾン層保護法で定めるもの，代替フロンのハイドロフルオロカーボン（HFC）のうち地球温暖化対策推進法で定めるものである．特定製品とは第一種特定製品と第二種特定製品であり，第一種特定製品はフロン類が充填されている業務用のエアコンディショナ，冷蔵機器および冷凍機器（自動販売機を含む）であり，第二種特定製品は自動車に搭載されているフロン類充填のエアコンディショナである．フロン類の回収および破壊のための措置は，フロン類を大気中にみだりに放出することの禁止，機器廃棄の際のフロン類の回収・破壊を義務づけ，機器廃棄時の行程管理制度（フロン類の引渡し等を書面で捕捉する制度）の導入，機器整備時の回収義務の明確

化等である。

4.5　環境影響評価法の概要

(1)　環境影響評価法（1997年公布・1999年施行）

環境影響評価法（環境アセスメント法）の目的は，土地の形状変更や工作物の新設などの事業に対して，規模が大きく環境影響の程度が著しいと思われる事業についての環境影響評価の手続等を定め，評価の結果をその事業に係る環境の保全や事業内容に反映させるための措置をとることによって，その事業に係る環境の保全のための適正な配慮を確保することである。対象となる事業を行う事業者は，以下の手続等に基づいて環境影響評価を実施しなければならない。

この法律で対象とする事業は表4.2に示した道路，ダム，鉄道など13の事業と港湾計画であり，国が実施または許認可等を行う事業である。このうち各事業の一定規模以上の「第一種事業」はすべてが対象となり，第一種事業に準ずる規模の「第二種事業」では所管省庁が必要と認めた事業が対象となる。港湾計画は，港湾環境影響評価として，港湾法に規定する国際港湾等を対象とする。なお，環境影響評価に係る技術指針等を定める主務省令がそれぞれの事業について定められている。

第一種事業は，事業に係る計画の立案の段階（計画段階）において，事業実施想定区域における当該事業に係る環境保全のために配慮すべき事項（計画段階配慮事項）について検討する。この計画段階配慮事項の検討は2013年度から導入・実施されたもので，欧米の戦略的環境アセスメント（Strategic Environmental Assessment：SEA）に相当する。計画段階配慮事項の選定や調査・予測・評価の手法の指針は，主務省令に基づき当該事業の主務大臣が環境大臣に協議して定める。事業者は，計画段階配慮事項の検討の結果について記載した「計画段階環境配慮書」を作成し主務大臣に提出するが，その際関係する行政機関や住民の意見を求めるように努めなければならない。第二種事業については，事業者が任意に計画段階配慮事項の検討を実施することができる。

第二種事業は，当該事業者が届けた事業について，許認可等権者が主務省令

表 4.2 環境影響評価法の対象事業

事 業	第一種事業	第二種事業
1．道路		
高速自動車国道	すべて	—
首都高速道路等	すべて	—
一般国道	4 車線 10 km 以上	4 車線 7.5 km 以上 10 km 未満
大規模林道	幅員 6.5 m 20 km 以上	幅員 6.5 m 15 km 以上 20 km 未満
2．河川		
ダム	貯水面積 100 ha 以上	75 ha 以上 100 ha 未満
堰	湛水面積 100 ha 以上	75 ha 以上 100 ha 未満
湖沼水位調節施設	湖沼開発面積 100 ha 以上	75 ha 以上 100 ha 未満
放水路	改変面積 100 ha 以上	75 ha 以上 100 ha 未満
3．鉄道		
新幹線鉄道規格新線	すべて	—
普通鉄道	長さ 10 km 以上	7.5 km 以上 10 km 未満
軌道（普通鉄道相当）	長さ 10 km 以上	7.5 km 以上 10 km 未満
4．飛行場	滑走路長 2,500 m 以上	1,875 m 以上 2,500 m 未満
5．発電所		
水力発電所	出力 3 万 kW 以上	2.25 万 kW 以上 3 万 kW 未満
火力発電所（地熱以外）	出力 15 万 kW 以上	11.25 万 kW 以上 15 万 kW 未満
火力発電所（地熱）	出力 1 万 kW 以上	0.75 万 kW 以上 1 万 kW 未満
原子力発電所	すべて	—
風力発電所	出力 1 万 kW 以上	0.75 万 kW 以上 1 万 kW 未満
6．廃棄物最終処分場	面積 30 ha 以上	25 ha 以上 30 ha 未満
7．公有水面の埋立・干拓	面積 50 ha 超	40 ha 以上 50 ha 以下
8．土地区画整理事業	面積 100 ha 以上	75 ha 以上 100 ha 未満
9．新住宅市街地開発事業	面積 100 ha 以上	75 ha 以上 100 ha 未満
10．工業団地造成事業	面積 100 ha 以上	75 ha 以上 100 ha 未満
11．新都市基盤整備事業	面積 100 ha 以上	75 ha 以上 100 ha 未満
12．流通業務団地造成事業	面積 100 ha 以上	75 ha 以上 100 ha 未満
13．宅地の造成事業		
都市再生機構	面積 100 ha 以上	75 ha 以上 100 ha 未満
中小企業基盤整備機構	面積 100 ha 以上	75 ha 以上 100 ha 未満

注）港湾計画（埋立・掘込み面積 300 ha 以上）は港湾環境影響評価の対象になる。

に基づき環境影響評価の実施の必要性の有無を判定（スクリーニング：screening）したうえで，対象事業を決定する．対象事業となった第二種事業は，第一種・第二種の区別なく，アセスメントの対象事業として扱われる．

次に，事業者は，配慮書を作成しているときはその内容を踏まえ，当該事業に係る環境影響評価の項目（大気汚染，水質汚濁などの評価項目）ならびに調査・予測・評価の手法についての絞込み（スコーピング：scoping）を行うため，主務省令に基づき「環境影響評価方法書」を作成し，関係する知事および市町村長へ提出する．事業者は，方法書に基づき対象事業に係る環境影響の調査・予測・評価を実施した後，その結果について環境保全の見地からの意見を聴くための準備として主務省令に基づき「環境影響評価準備書」を作成する．関係者の意見を聴取・勘案して準備書に検討・改善を加え，主務省令に基づき「環境影響評価書」を作成し，関係する知事および市町村長へ提出する．事業者は，方法書，準備書および評価書の作成においては，関係する地域内で公告・縦覧するとともに，インターネット等により公表し，都道府県，市町村，国民の意見を聴取しなければならない．また，評価書に記載され，事業の実施において環境保全のためにとられた措置について報告書を作成し，関係する知事および市町村長に提出しなければならない．

環境影響評価法は，地方公共団体が環境影響評価に関する規定を条例で定めることを妨げるものではない．たとえば，東京都の条例では，法の対象である13事業に加えて，ガス・石油貯蔵所や高層建築など26事業に区分している．なお，国が実施または許認可等を行う事業に対するアセスメントを「法アセス」，地方公共団体が行う事業に対するものを「条例アセス」ということがある．

演習問題

1. 環境基本法で定める環境保全のための基本的施策6項目について説明せよ．
2. 水質汚濁防止法における一律排水基準と上乗せ排水基準について説明せよ．
3. 循環型社会形成推進基本法における拡大生産者責任について説明せよ．
4. 3R政策について，各Rの意味（英語表記と日本語表記）とそれぞれの具体例を挙げて説明せよ．
5. 家電リサイクル法における家電リサイクル券について，その仕組み（家電リ

サイクル券の目的と発行の流れなど）を説明せよ。
6. グリーン購入法における環境ラベルについて説明し，シンボルマークを使った2例を挙げてそのマークの意味を説明せよ。
7. ダイオキシン類対策特別措置法におけるダイオキシン類とは何か，説明せよ。
8. 生物多様性基本法の基本原則6項目について説明せよ。
9. 地球温暖化対策推進法における温室効果ガス6種類を挙げよ。
10. 環境影響評価法におけるスクリーニングとスコーピングの目的を説明せよ。

参考文献
1） 環境省編：環境白書，平成24年版，日経印刷（2012）
2） 環境省Webサイト：法令・告示・通達，http://www.env.go.jp/hourei/（2013）

第5章
社会経済システムと環境政策

人口増加による地球環境への影響として温暖化や生態系の破壊などがいわれている。地球環境には限界があり，その限界に達するタイミングは突然やってきて，地球環境がシステムとして機能停止状態に陥るということも十分に考えられる。そのとき，元に戻そうとしても，地球が何万年，何億年とかけて築いてきたシステムを短期間に修正することは不可能といえる。本章では，人間活動が与える環境への影響を総括的に整理し，その対応策を考える。

5.1 人口問題と生活スタイル

5.1.1 人口増加と環境影響

2011年における世界人口は約70億人といわれている。そのうち，最も人口増加の著しいのは新興国や途上国であり，これからも増加が続くものと予想されている。2050年には90億人に達するともいわれている。この人口増加による地球環境への影響は，温暖化や生態系の破壊などがいわれているが，はたして人間自身が生存していけるかどうかということも大きな問題である。言い換えれば，地球がそれほどの人口を抱えることができるかということである。

人口論の祖ともいわれているマルサス Thomas Robert Malthas (1766-1834) は，その著書である『人口論の原理に関する一論』(1798) において次のように述べている。

> 「人口は，妨げられなければ幾何級数的に増加する。食糧は算術級数的にしか増加しない。・・・すなわち，人口増加のほうが，はるかに食糧増産する力よりも大きいことがわかるであろう」

図5.1に示すように，人口は幾何級数的に増加し，食糧生産は算術級数的に

増加する。幾何級数とは幾何数列または等数列の和のことであり，$a, ar, ar^2, ar^3, ar^4, \cdots$というように隣り合う項が同じ比となって増加することである。すなわち，人口増加のペースに追いつくようにして食糧生産が増加しないことを示唆している。世界的に食糧価格や資源価格が上昇していることは，人口増加による需要の増大が背景にあり，このまま増え続けると地球がもたないともいわれている。今から200年以上も前に唱えられたことであるが，現代において，より一層，人口増加のスピードと環境への影響が深刻化していることを，私たち現代人はどのように受け止めればいいのであろうか。

地球環境という観点から考えて，人類は地球がもつキャパシティの限界に近づきつつあるのではないか。1972年最初に出版され，その後1992年，2005年に改訂版が出された『成長の限界（Limits to Growth）』(2005) では，"ゆきすぎ"が指摘されている。人類は，空気，水，食糧，さまざまな資源を地球から採取し，それを使って生存を支え，富を蓄え，豊かさを享受している。その一方で，それら人間活動の結果としてさまざまな汚染物質や廃棄物を出している。この排出物の量と排出スピードが問題であり，もし自然環境の浄化スピードにあった排出量であれば問題ないが，現在の人類社会ははるかに自然環境のキャパシティを超えて排出し続けている。これが，回り回って人類に深刻な健

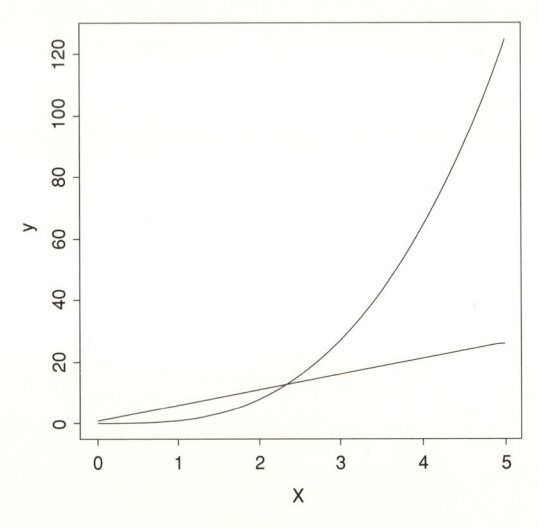

図5.1 幾何級数的増加と線形的増加

康被害を及ぼす例も増えてきている。明らかに，成長のゆきすぎが発生しているといえる。

　ゆきすぎが発生する要因を突き止め，システム的思考でその対策を早急に考える必要がある。『成長の限界』（2005）では，ゆきすぎの特徴として以下の点を挙げている。

① 成長し，加速し続けると，その結果として急激に変化が起こること。
② その限界を超えると，動いているシステムが安全に進めなくなるおそれのある限界や壁が出てくること。
③ そのシステムが限界を超えないようにするための認識や反応に遅れや過ちが生じること。

　つまり，上記三つの要因をまとめると，地球環境に必ず限界があり，その限界に達するタイミングは突然やってきて，地球環境がシステムとして機能停止状態に陥るということであろう。そのとき，元に戻そうとしても，地球が何万年，何億年とかけて築いてきたシステムを短期間で修正することは不可能といえる。そうであれば，その原因を明らかにし，最善策をとる必要がある。

　地球環境をシステムとして捉え，そのシステムが機能するような策を講じる必要がある。システム的とは，その仕組みの一部を改善した場合，他のすべての部分にとっても改善の方向で機能するということである。決して，一部だけが改善されたり，逆に一部の改善により他の部分が劣化するということがないということである。地球上において環境問題は偏在しており，ある部分に特定の問題が集中して発生する現象がみられる。温暖化による海面上昇により太平洋上の島々が海に沈むといったことや，異常気象による大洪水が大都市で発生し多くの犠牲者が出るといったこと，さらには逆に大干ばつにより農業生産が大打撃を受けるといったことなどである。それらの現象は地球環境システムの中で起こっているのであり，発生地域の経済活動が直接の原因ではない。つまり，抜本的解決のためには全体をシステムとして捉え，その中のすべての機能を問題解決に向けた同じベクトルに修正することである。

5.1.2　エコロジカル・フットプリント

　エコロジカル・フットプリント（Ecological Footprint）とは，当該地域，国

図 5.2　エコロジカル・フットプリントの概念図
——エコロジカル・フットプリントは，直訳すれば，「経済の生態系に対する踏みつけ面積」分析となる。

などの経済活動を環境へのインパクトという観点で捉え，それを土地面積という指標で表した概念である（図5.2）。つまり，諸々の経済活動による環境への影響を2次元空間に落とし込み，当該地域，国などが，どれくらい環境に負荷を及ぼしているかを視覚化し，いわゆる"身の丈"を超えた豊かさを享受している現実を明らかにする概念である。たとえば，食糧を生産するためには農地が必要であり，工業製品を製造するにはさまざまな資源が埋まっている土地が必要であり，それらを一人あたりの必要面積に換算した値がエコロジカル・フットプリントである。1990年代初頭，カナダのブリティッシュ・コロンビア大学のウイリアム・リース（William Rees）とマティス・ワケナゲル（Mathis Wackernagel）が開発したといわれている。

　和田（1995）によれば，エコロジカル・フットプリントの思想的背景には以下の二つがあるとされている。
　① 永続性
　　　永続性を達成するためには生態系のいわゆる"元本"が恒常的に生み出す"利子"分を上回らない範囲で資源消費を行う必要がある。

② 公平原則

地球上の自然環境が恒常的に生み出している限られた恵みを特定の裕福な人々だけで過剰利用している現在の資源配分には問題がある。世界中の人間全員が平等に分かち合うべきである。

つまり，上記二つのことを踏まえると，エコロジカル・フットプリントを明らかにすることにより，地球上でどれだけ負荷をかけているのか，それが他の地域，国と比べてどの程度なのかを算出し，地球全体でシステム的対応を取る際の参考にしようということである。

和田（1995）によれば，エコロジカル・フットプリントの算出方法にはコンポーネント法とコンパウンド法の大きく二つあるとされている。コンポーネント法とは，経済活動により生産されるさまざまな財やサービスごとに細かく自然への面積負荷を算出し，それを合算する方法である。コンパウンド法とは，個々の財，サービスごとではなく，産業連関表などのマクロ指標を使って算出する方法である。産業連関表とは，産業間の物の流れを把握し，その相互依存関係をマトリックス表で表したものである。Input-Output Model ともいわれ，日本では総務省が5年ごとに更新している。いずれの方法にも一長一短があり，さまざまな算出方法が研究されている。ただ，大事な点は，エコロジカル・フットプリントそのものが地球環境システムの改善策ではなく，あくまでも改善策を考える際の参考資料であるということである。したがって，エコロジカル・フットプリントを踏まえて，対策のとれるレベルにまで落とし込んだ算出方法でないと意味がない。たとえば，国レベルでの環境対策であれば国レベルでいいし，地域レベルの土地利用計画であれば自治体レベルでないと意味がない。そのあたりを踏まえた算出方法の開発と有効活用が求められている。

5.1.3　生活スタイルの変化と環境影響

日本の人口は，1億2800万人ほど（2007年時点，『日本の人口』（総務省統計局2010年度版）である。これを境として日本の人口は確実に減少化時代に入っている。『日本の人口』の推計によると，2050年ごろには約1億人，2100年になると5500万人ほどに減少すると推計されている。人口数は，社会経済活動のあらゆる面で基礎となる数字である。したがって，その数が今後激減し

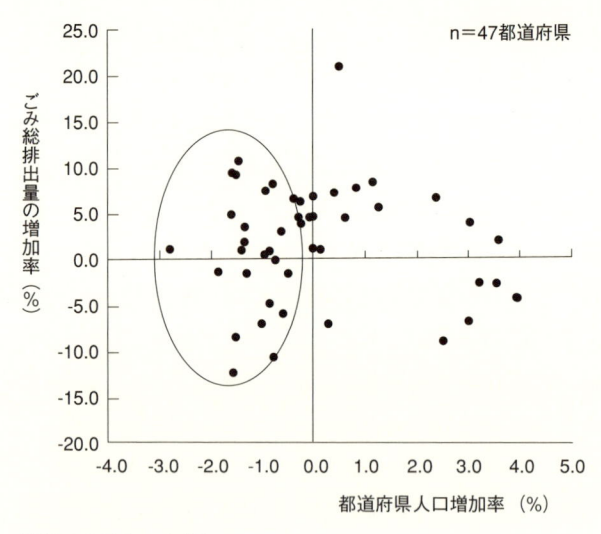

(環境白書平成18年版)

図 5.3　都道府県における人口増加率とごみ総排出量の増加率の比較

ていく現実に直面しなければならない日本社会を考えた場合，その影響は想像を絶するぐらい深刻かつ広範である。

　環境への影響を考えた場合，一見，人間活動の量が減るため影響が和らぐかに思えるが，必ずしもそうとはいえない。長期的に考えた場合，人口が半減するためエネルギー消費量，食糧需要，廃棄物量なども減少すると思われるが，生活スタイルの変化を考慮すると逆に需要増加ということも考えられる。

　図 5.3 は都道府県における人口増加率とごみ総排出量の増加率との比較を表し，図 5.4 は同じく人口増加率と使用電力量増加率との比較を表している。これらを見ると，人口減少とごみ総排出量や使用電力の変化に相関性がないことがわかる。すなわち，人口が減ったからといってごみ排出量や電力使用量が減るわけでなく，逆に人口が増えたからといって増加するわけでもない。人口の増減には無関係といえる。しかし，一つの特徴が，人口が減少してもごみ排出量や電力使用量が増加している県が多いこと，図でいうと比較的第 2 象限に多く集まって見えることである。このことは重要な点であり，人口が減っても環境への負荷は変わらない，むしろ増えるといえよう。

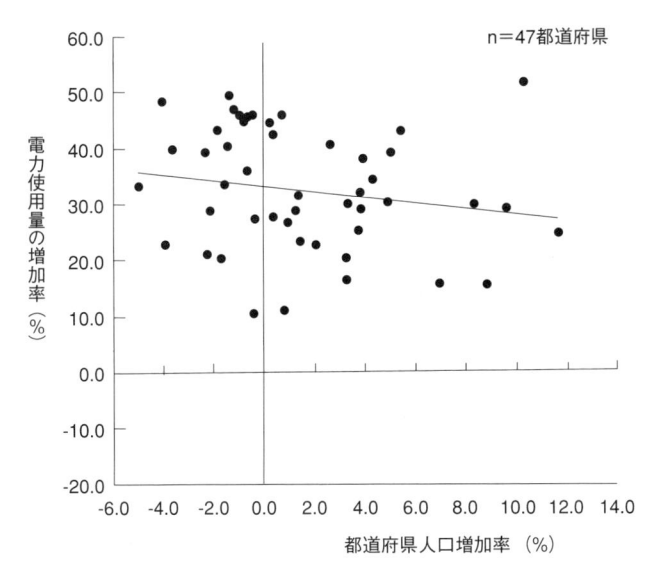

(環境白書平成 18 年版)

図 5.4 都道府県における人口増加率と使用電力量増加率の比較

　図 5.5 は家族類型別世帯数，平均世帯人数の推計を表し，図 5.6 は世帯人数別 1 人あたりエネルギー消費量を，さらには図 5.7 は世帯の変化に伴う家庭部門のエネルギー消費量の将来予測を表している。これら 3 つの図を並べてみて考察できることは以下のことである。今後，ますます世帯人数が少なくなっていく一方で，家庭のエネルギー消費量をみると世帯を構成する人数が少ないほど一人あたりのエネルギー消費量は増加する傾向にある。核家族化がいわれて久しいが，今後ますます世帯を構成する人数が減る一方で，世帯数そのものはそれほど減少幅が大きくないのではないかと予想される。そうなると，単身であろうが，大家族であろうが一世帯が必要とする家電製品等は同じであることより，世帯数が変わらないということはエネルギー使用量もそれほど減らないということになる。加えて，近年，家電製品の種類多様になってきていること，価格が安くなってきていること，さらには利便性を求める欲求が増していることを考えると，結果としてエネルギー需要が増すことは明らかであろう。また，ごみ排出量を考えてみても，世帯ごとに買物する種類が存在し，その結

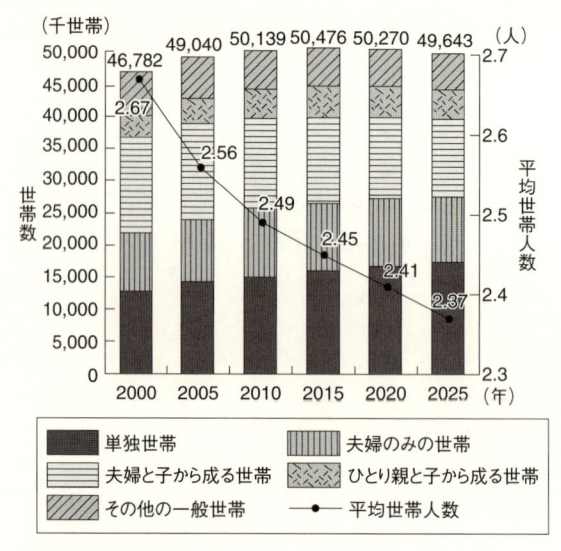

(環境白書平成 18 年版)

図 5.5　家族類型別世帯数，平均世帯人数の推計

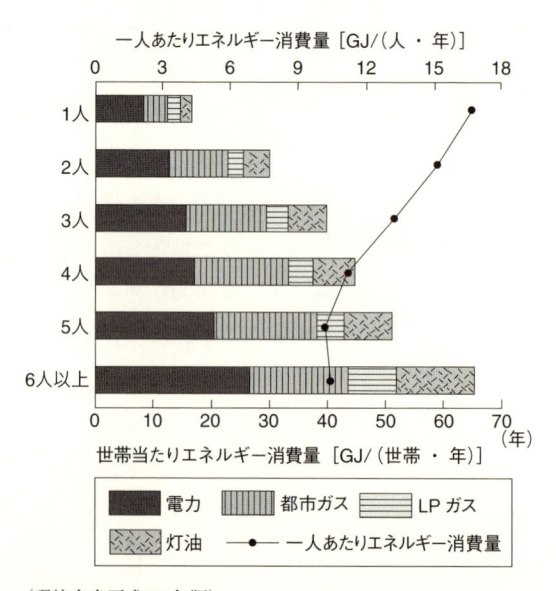

(環境白書平成 18 年版)

図 5.6　世帯人数別一人あたりエネルギー消費量

図 5.7 世帯の変化に伴う家庭部門のエネルギー消費量の将来予測

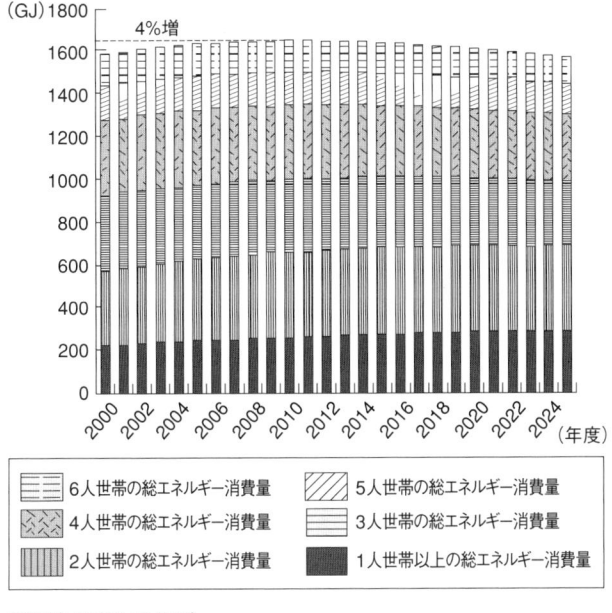

（環境白書平成 18 年版）

果，ごみ排出量もそれほど変わらないことは十分予想される．さらには，今後高齢化が進むが，高齢世帯ほど在宅時間が長いため光熱費，水道費が増大し，かつ高齢による体調調節機能の低下から暖房機器等を多く使用すると報告されており，これについてもエネルギー需要が増加する一つの要因と考えられている．

　以上のことからいえることは，人口減少化時代になっても人々のライフスタイルによってエネルギー需要，食糧需要，廃棄物量などは単純には減少しないということである．たとえば，人々の購買意欲を刺激するような魅力的な電気製品が発売されたり，人間の活動する時間帯が 24 時間体制となり，昼夜関係なく活動するためにより多くのエネルギーを必要とするなど，社会環境の変化に大きく左右されることになる．

　では，どのようにしてエネルギー需要を抑え，環境負荷を低減するような方策を立てていけばいいのであろうか．一つめは，モノではない心の豊かさを求

めていくことである。豊かさとは何かを真剣に考える必要がある。二つめは，ライフスタイルそのものを環境配慮型に変えていくことである。夏季に行われるクールビズ等がいい例であり，サマータイム導入も検討する必要があろう。三つめには，地域の自然を守り，地域で身近に生産されるものを消費する地産地消型に変えていくことである。エネルギーについても，地域で生産される自然エネルギーを主体としたものに変えていく必要があろう。

5.2 社会経済システムと環境保全

5.2.1 生産活動における環境要素と外部不経済

　経済活動，特に生産活動において，空気，水など環境要素は所与のものであると捉えられてきた。生産の三要素といわれるものには，労働，資本，土地があるが，そこに環境要素は含まれていない。利潤追求のためには，これら三つの要素をいかに効率的に生産過程に投入するかということが重要であり，空気，水などは当然あるものとして捉えられてきた。しかし，大気汚染，水質汚濁など，公害問題となって企業活動にコストとなって降りかかってくると，これまでの考え方ではすまなくなる。特に，一般市民の健康被害にまで及び広く社会的コストとなってくると，行政による企業活動のコントロールが行われるようになり，環境要素を無視できなくなってきている。いわゆる，外部不経済という考え方である。

　外部不経済とは，ある活動により当事者以外の人に不利益を与えることを意味する。環境でいうと，企業活動による大気汚染，水質汚濁などが，周辺地域住民の健康被害を発生させ，多大の負担をかけることなどである。その対策としては，従来までタダ同然で捉えられていた環境に価値をつけ，その対価分を製品価格に反映させることを通じて発生量を抑えると同時に，対策費用に充てることである。これを税金ということにすると，発案者の名前をとり「ピグー税」(Pigovian Tax) あるいは「環境税」と称されている。今までタダ同然であった空気や水に，間接的に価値をつけ，それを応分に広く負担してもらおうという考え方である。製品価格に反映され，最終的には最終消費者も負担することになる。

5.2.2　自然資本の枯渇と人工資本

　自然資本の活用と保全という観点で考えると，枯渇する自然資本の代替として人工資本を考える必要がある。経済学者のロバート・ソロー（Robert Solow，1987年ノーベル経済学賞を受賞）は，世代間公平と枯渇性資源という視点から，減少する自然資本を人工資本で補うことで一定レベルの消費水準が保たれると論じている。つまり，生産要素の一つとして資本を考えた場合，人類は自然界からあらゆる資源を採取し，それを資本として生産過程に投入し富を生んできているが，それには限度があり，減少する自然資本を補う意味では人工資本の増強が必要であるということである。それにより，資本一定が保たれる。しかし，果たしてすべての自然資本が人工資本に代替可能かという疑問がある。たとえば，鉱物資源のように市場メカニズムが働き，それにより代替物が開発されるものはいいが，大部分の自然資本は市場化されることはない。したがって，活用と保全という観点から，自然資本の保全を優先し，それでも枯渇していくものについては技術開発により人工資本で補充していく必要があろう。

5.2.3　経済学による環境問題へのアプローチ

　環境問題を経済学の枠組みで捉える分野として，環境経済学が確立されてきている。植田（2002）によれば，以下の五つに分類される：①物質代謝論アプローチ，②環境資源論アプローチ，③外部不経済アプローチ，④社会的費用アプローチ，⑤経済体制論アプローチ。①は，環境問題を人間と自然との物質代謝の関係として捉える考え方であり，広くは都市と農村との関係にもつながってくる。物質のフォローを通して，人間と自然とのかかわりを論じる考え方である。②は，環境を再生不可能な資本資源として捉え，持続的な管理を自然的要素だけでなく経済的要素も含めて考えることである。先に述べたソローの「世代間公平性と枯渇性資源」の考え方に通じる部分がある。③は，先に述べたように外部不経済による損益を内部化し，環境問題による被害の低減，集中を緩和しようとするものである。市場経済による失敗を，適切な公共政策を実施することにより内部化し，その負担を当事者はもとより広く一般利用者も負担することにつながる。④は，環境の社会的価値を問う考え方である。多くの

環境要素は，人類が生んだ貨幣というもので価値をつけて評価できないことは明らかであり，その場合の価値として広く次世代も含めた社会的価値として捉えることが必要となってくる。⑤は，環境問題の発生を諸々の経済体制の違いから論じるアプローチである。以上のように，環境経済学という分野では，経済活動，主として市場経済のフレームワークの中で環境問題を位置付け，市場の失敗や市場化されていない部分をいかにして内部化し，それに対応する公共政策を実行に移していくかということになる。

では，公共政策には具体的にどのような方法があるのであろうか。大きくは，直接的規制と間接的規制がある。直接的規制とは，政府が汚染物質の排出量の上限を決めたり，汚染物質の排出を低減したり，除去したりする施設設置を義務付けることなどがある。たとえば，自動車排気ガスの基準値を決めたり，製造現場から出るさまざまな汚染物質を除去する装置の設置などがある。ただ，この直接的規制の問題点としては，規制により経済活動に影響が及び，どの程度の規制であれば適切な経済活動を維持できるかということが問題となる。また，基準を一度設定すると，その基準値付近で汚染物質排出低減が留まり，大きな削減にはつながらないという批判もある。もう一つの方法である間接的規制とは，汚染物質の排出量に応じた課徴金を課すなどの方法である。たとえば，ごみ排出と処理の有料化や，炭素税などもこれに含まれる。この直接的規制と間接的規制のどちらが望ましいかについては，金本（1997）は，「生産および環境汚染の技術的条件や不確実性の発生原因に依存する」と論じている。

5.3 低炭素社会の実現に向けた環境政策

5.3.1 二酸化炭素排出削減のための環境政策

　二酸化炭素排出にかかわる対策として，新たな環境技術を用いることのほかに，社会経済システムそのものを変革する対策がある。現在，私たちは化石燃料に過度に依存した社会を構築してきているが，地球温暖化への影響や将来の枯渇性を考えると，エネルギー消費という観点で持続可能な社会経済システムを構築していく必要がある。たとえば，低炭素型の都市，地域を造るために

は，自動車依存型から鉄道，バスなどの公共交通機関利用型に変えていく方策がある。4人乗りの自動車を1人が運転している様子は効率的とはいえず，公共交通の利用や車の相乗り等により改善される必要がある。都市の中心部に通勤する例であれば，最寄りの鉄道駅までは車で行き，そこに駐車した後は鉄道で職場に向かうということなどが考えられる。これはパークアンドライド（park and ride）と呼ばれ，欧米各国ですでに実施されている。また，日本においても似たような取組みとして，大型ショッピングセンターの駐車場を利用し，そこに駐車して乗合バスで都市中心部に通うという方策もある。一方で，自動車の利用ではなく利用する燃料そのものを代える方策もとられている。電気，水素，天然ガス，バイオ燃料を使った自動車の普及が急速に進んでおり，それに対応したインフラ整備，たとえばガソリンスタンドに相当する充電スタンドなどの整備が進められている。そのほか，交通情報を操作することによる渋滞解消や，有料道路の料金支払いを自動で行うETCシステム（Electoric Toll Collection System）の導入なども図られており，さまざまな改善策が実行に移されている。

社会の各部門別においても，さまざまな工夫がなされている。産業部門では，たとえば，排出削減設備導入が難しい中小企業に対して資金面から支援する対策もとられている。大企業による対策は独自で実施できるが，町工場など中小の企業は自己資金で対策をとるのは難しく，公的支援により設備導入が図れる仕組みとなっている。そのほか，優れた環境マネジメントを導入している企業に対して「エコアクション21」認証も導入されている。これは，二酸化炭素排出量，廃棄物排出量などの環境負荷を低減する取組みを促すもので，中小企業でも取り組みやすい内容となっている。

業務その他の部門では，企業単位での総合的なエネルギー管理への法体系や，建築物等に関する総合的な環境性能評価手法（CASBEE）の充実・普及，省エネ回収などの建築物の省エネルギーに関する設計などにかかわる情報提供などの推進などが行われている。特に，建築物に対するエネルギー利用の効率化支援については，省エネ効果の高い窓，空調，照明，給湯などの建築設備から構成される高効率ビルシステムへの転換支援がなされている。

運輸部門では，先に述べたように基本的には自動車利用の効率化を念頭に，

燃費性能の優れた自動車やクリーンエネルギー自動車の普及などの対策，交通流対策，地域公共交通活性化などがとられてきている。たとえば，地方鉄道の活性化，都市部における LRT（Light Rail Transit）と呼ばれる路面電車の導入，バス専用レーンなどを利用した BRT（Bus Rapid Transit）の導入，乗り継ぎの改善などが導入されている。

エネルギー転換部門では，原子力，自然エネルギーの活用，バイオマス，新エネルギー（小型水力など）が進められている。ただ，2011年3月11日に発生した東日本大震災，それに伴う福島第一原子力発電所の事故を受けて，原子力利用については国民的合意が求められる。このような状況を踏まえたうえで，原子力利用には安全性や放射性廃棄物処理の問題などを十分考慮したうえで，地球温暖化対策の有効策として利用推進を図っていく必要もあろう。

5.3.2 国連による地球温暖化対策

地球温暖化に対する国際社会の取組みの代表的なものは，国際連合による気候変動枠組条約（United Nations Framework Convention on Climate Change，略称：UNFCCC，FCCC）にもとづく締約国会議（Conference of the Parties）である。気候変動枠組条約は，1992年に採択され1994年に発効した。目的とするところは，大気中の温暖化効果ガス濃度の安定化であり，条約締約国に対して温室効果ガスの排出抑制目標の設定や国内政策実施の義務を課している。会議運営にかかわる各種調査，分析は，気候変動に関する政府間パネル（Intergovernmental Panel on Climate Change，略称：IPCC）が担当しており，参加している専門家の英知を終結し地球温暖化に関する予測，評価，提案などを行ってきている。1997年に京都で開催された第3回締約国会議では，先進各国に対して法的拘束力のある排出抑制目標が決められ，また，排出量取引やグリーン開発メカニズムなどの仕組みも合意された。グリーン開発メカニズムとは，先進国と途上国が共同で削減につながる事業を実施した場合，その達成した排出量削減量を先進国が自国に持ち帰って，その分だけ排出量を増やせる仕組みである。途上国においては，さまざまな分野において温暖化ガス削減のための技術課題が多く，そこへ先進国が協力して取り組むことで地球規模での大幅削減が達成される仕組みとなっている（図5.8）。2010年12月までに16

5.3 低炭素社会の実現に向けた環境政策　119

(10億トンCO₂e)

■ OECDに加盟する附属書1国 (23%)
□ ロシア・その他附属書1国 (7%)
■ その他BRICS各国 (44%)
■ その他地域 (26%)

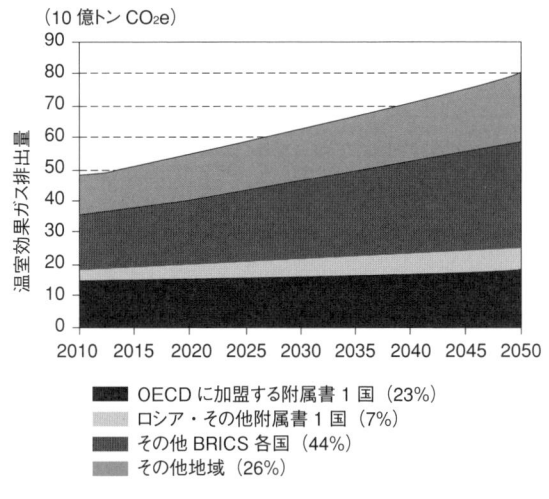

(環境白書平成25年版)

図5.8　世界の二酸化炭素排出量予測

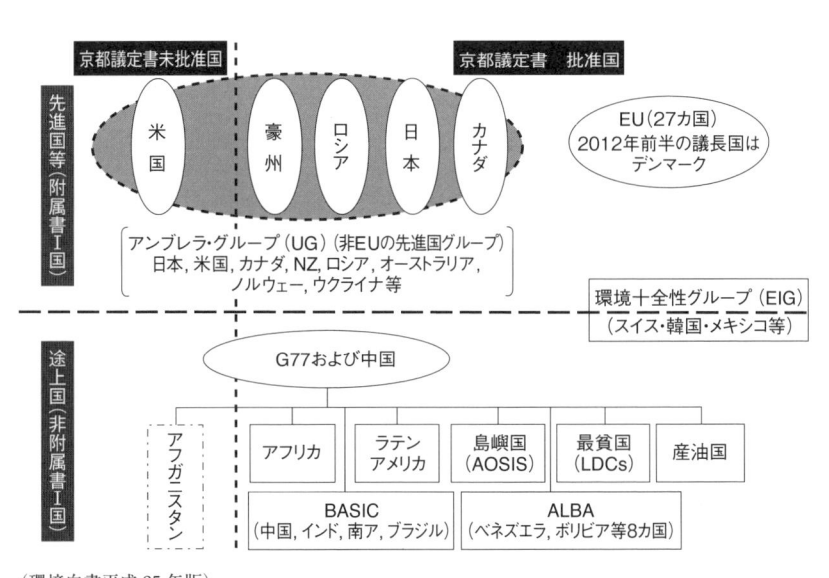

(環境白書平成25年版)

図5.9　気候変動枠組条約の下での地球温暖化に関する国際交渉の構図

回の締約国会議が開かれてきているが，毎回，先進国と途上国の間での排出削減量の負担に関する合意が得られず，持ち越しとなっている（図5.9）。先進国としては経済規模に応じた応分の負担，公平な負担を求めているが，途上国としては経済成長の足かせになるとして強く反対している。その背景には，途上国の中では，いまだ経済成長が十分でなく先進国が享受している豊かさが得られていないという不満がある。仮に排出量負担を受け入れると，その分だけさまざまな形でコストとして跳ね返ってきて，目標とする経済成長を達成できないという危機感がある。特に，中国，インド，ブラジルなど新興国の取扱いが課題となってきている。

演習問題
1．人口増加と食糧生産がバランスしない理由を述べよ。
2．エコロジカルフットプリントの結果を有効活用する方策について述べよ。
3．人口が減少してもエネルギー消費が減らない理由について述べよ。
4．環境問題に対する経済学からのアプローチとして，直接的規制と間接的規制があるが，それらについて具体的に説明せよ。
5．国連による地球温暖化対策に関して，先進国と発展途上国の主張の違いについて述べよ。

参考文献
1）Malthas, Thomas Robert（1965），"First Essay on Population, 1798"（『人口論の原理に関する一論』（1798））
2）ドネラ・メドウズ，デニス・メドウズ，ヨルゲン・ランダース（枝廣淳子訳）：成長の限界，人類の限界，ダイヤモンド社（2005）
3）中野桂・和田喜彦：「エコロジカル・フットプリント指標分析の方法論的進捗と最近の視点」，滋賀大学環境総合研究センター研究年報，Vol. 4, No.1（2007）
4）和田喜彦：エコロジカル・フットプリント分析の考え方と日本への適用結果—日本人の資源消費水準は永続的か？，産業と環境，Vol. 24, No.12（1995）
5）環境省編：環境白書，平成18年版，ぎょうせい（2006）
6）諸富徹：環境，岩波書店（2003）
7）植田和弘ほか：環境経済学，有斐閣（2002）
8）金本良嗣：都市経済学，東洋経済新報社（1997）

第6章
都市・地域の環境管理

環境問題への対策を具体的に実施していくためには，都市・地域レベルで考えていく必要がある。二酸化炭素の排出を抑えるためには，人間活動のエネルギー負荷を低減する必要があり，そのためには散在しているさまざまな都市機能を集約し，公共交通の利用促進による市街地形成を図っていく必要がある。さらには，新たな事業を実施する際には環境への負荷を事前に評価する環境アセスメントを行うことが重要である。自然環境から人間が享受するさまざまな便益を生態系サービスという概念で捉え，複眼的な視点で自然環境の保全と人間社会の持続的発展を図っていく必要がある。本章では，都市・地域の視点から環境管理手法を学ぶ。

6.1 都市活動による二酸化炭素の排出

6.1.1 都市活動の影響

都市政策を通じて環境管理する意義は，総合的に都市活動を捉え，自然環境への影響を最小限に抑える方策を講じることにある。都市の成り立ちは，元来，市場を中心とした物資のやりとりの場としてあった。それが，近代化に伴いモノや資本が集まり，近代文明を支える拠点となってきた。生産の場，居住の場が広がり，人間社会が自然を"管理する"という意味において市街化が広がり大都市が生まれてきた。しかし，21世紀になり，人間社会が排出するさまざまな物質を人間社会自身が管理できなくなり，自然界に蓄積されることにより人間社会に負の影響を及ぼし始めてきている。その一つの例が，二酸化炭素の排出による地球温暖化であろう。人間はさまざまなエネルギーを使って活動しており，そのエネルギー消費の結果として二酸化炭素を排出している。その排出量を抑えるためには，個々の活動にかかわる技術的な工夫も必要である

が，都市全体をトータルとして見た場合のエネルギー消費を最小限に抑えるような都市構造に転換していく政策も重要である。

6.1.2 エネルギー利用と二酸化炭素の排出

人間社会の環境管理という観点からは，エネルギー利用が重要である。先に述べたように，二酸化炭素の排出はエネルギー利用の結果としてもたらされる。国別でみると，最も多いのが中国，次いで米国，EU 諸国，インド，ロシア，日本となっている（図 6.1）。しかし，一人あたり排出量では，中国，インドなど多くの人口を抱え，経済的に貧しい地域がある新興国は圧倒的に低く，米国の 5 分の 1 から 10 分の 1 程度である。このことをどう捉えるかということが，国際的枠組みで二酸化炭素排出量を抑制しようとする際に重要な論点となってくる。先進国としては総排出量という点からみて各国公平な分担による抑制を求めるが，途上国や新興国は貧困問題解決のためにはさらなる経済開発が必要であり，先進国と同等に抑制策を講じることは難しいとしている。さら

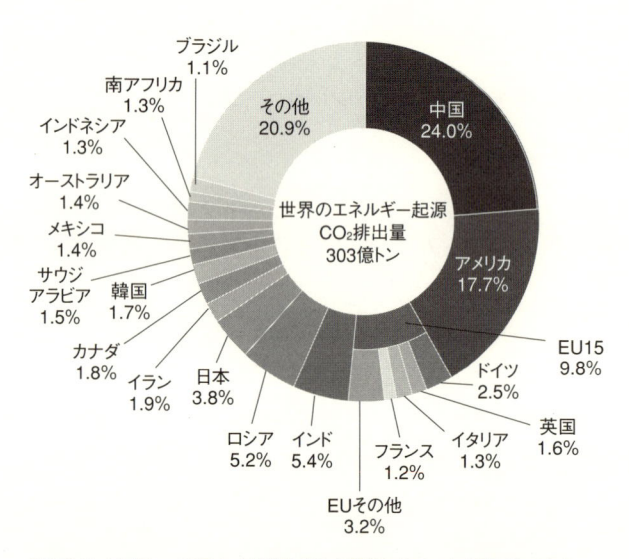

※EU 15 カ国は，COP 3（京都会議）開催時点での加盟国数である。
（環境白書平成 25 年版）

図 6.1 世界のエネルギー起源 CO_2 排出量（2010 年）

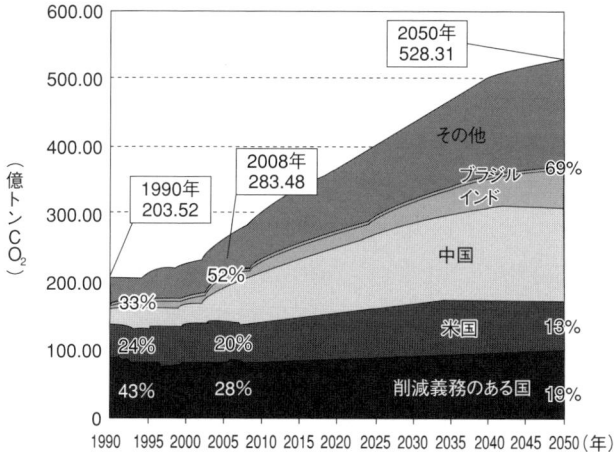

図 6.2 世界の CO_2 排出長期見通し

（環境白書平成 25 年版）

に，今まで十分にエネルギーを利用し豊かさを享受してきている一方で，これから豊かになろうとする国々に対して抑制を求めるのは勝手な言い分であるという主張もある。先進国と途上国，新興国の間でコンセンサスが得られない主な要因は，この不公平感の捉え方にあるといえる。

では，どのような形で二酸化炭素の排出を抑制していけばいいであろうか？一つは，二酸化炭素の排出要因をブレイクダウンし，どのような政策を講じればそれぞれの国情に合わせた有効策を講じれるか検討することである。もう一つは，今までの化石燃料によるエネルギー利用からクリーンエネルギーとして期待されている新エネルギーに転換していくことである。

6.1.3 二酸化炭素の排出要因

二酸化炭素の排出要因は，以下の式によって表されている（花木（2004））。

$$CO_2 = \frac{CO_2}{E} \times \frac{E}{GDP} \times \frac{GDP}{POP} \times POP$$

（CO_2：二酸化炭素排出量，E：エネルギー消費量，GDP：国内総生産，POP：人口）

右辺の第1項は，1単位あたりのエネルギー消費量に対する二酸化炭素排出量で炭素強度と呼ばれている．この値は，どの種類の燃料を使うかによって異なり，石油，石炭などは高く，原子力などは低い．第2項は，エネルギー強度と呼ばれ，GDP（国内総生産）あたりのエネルギー消費量である．これは，1単位の国内総生産を生むに際してどのくらいのエネルギーを要するかという指標であり，富を生むのに少ないエネルギー利用であればあるほど効率的である．第3項は，人口一人あたりのGDPであり，その国の豊かさを表す指標である．これを念頭に考えると，途上国，新興国などは，技術的な面でエネルギー利用の改善余地が大きく，少ないエネルギーでより多くの豊かさを生むことができるような新しい技術を導入することにより，二酸化炭素の排出が抑制できることになる．一方，先進国では，すでに技術レベルでは一定水準にある場合が多く，その意味ではエネルギー源を代えることによる削減が求められる．これが，クリーンエネルギーと称される新エネルギーの利用であり，この点においても新しい技術が求められる．

文献によれば，新エネルギーは三つに分類される．一つめは，太陽光，太陽熱，風力，水力，地熱など自然エネルギーである．二つめには，ごみなどの廃棄物処理の過程で発生する廃熱を利用するリサイクル型エネルギーである．三つめは，コジェネレーションや燃料電池に代表されるように化石燃料を効率的に利用する省エネルギーシステムである．この中で，特に自然エネルギーの活用は，化石燃料の価格高騰の影響もあり，自然エネルギー利用の経済的競争力が増し，広く社会に受け入れられるようになってきている．

6.2 都市施策による環境管理

6.2.1 都市の成長による環境問題

現在まで，世界のいずれの都市においても市街地の拡大，成長を前提とした都市政策を講じてきた．人口が増え，経済成長するという前提で，将来見込まれる成長をどのような形で都市に取り込むか，また発生するであろうさまざまな都市基盤への需要，言い換えれば負荷を最小限にとどめ，円滑な都市活動を支える基盤整備をどのように進めるかを念頭に都市計画を行ってきた．しか

し，先に述べたように地球温暖化の影響や，一部の先進国に見られるような少子高齢化社会を考えた場合，成長を前提とした都市計画はありえない。言い換えれば，どこでどのような形で都市の成長を誘導し，経済，社会，環境の面からバランスのとれた都市経営につながる都市計画を行っていくかということが求められる。その一つの選択が，集約型都市構造，言い換えるとコンパクトな市街地の形成ということになろう。

6.2.2 コンパクトな市街地形成の方策

　コンパクトな都市構造とは，都市の中心，特に交通結節点の周辺に商業，業務，医療，福祉，文化施設などが集約的に立地し，その周りに高密度に人々が居住する，または交通機関の駅周辺に居住するといった形態である。通勤，通学，買物など日常的な交通行動を支える公共交通を整備し，それ以外は徒歩や自転車で移動できる都市構造が理想である。都市内のいずれの地点からも公共交通でアクセスでき，歩いて暮らせる街づくりを実現することでエネルギー消費の効率化が図られ，結果として地球温暖化対策にもつながってくる。国土交通白書によれば，国として以下の政策を通じて，低炭素都市づくりをめざしている。

(1) LRT (Light Rail Transit)

　LRTとは，従来の路面電車に比べて，車両の低床化などユニバーサルデザインが徹底され，外観も美しくデザイン化された公共交通システムである（図6.3）。従来の路面電車は車両そのものも重量感が感じられたが，LRTは低床であると同時に軽量な感じを受ける。走行路も従来の幹線道路だけでなく，欧州などでは中心市街地の街路レベルにまで乗り入れている。また，ドイツの都市などでは都市間鉄道との乗り入れも工夫されており，郊外部から中心市街地に来る際に，ほとんど自動車を使うことなく目的地まで来られるような交通システムとなっている。その結果，モータリゼーションによる郊外化により衰退した中心市街地の活性化にもつながっているとの報告もある。LRT導入のメリットとしては，従来に比べて建設コストがかからない，低床であるためバリアフリーとなっており高齢化社会に対応したシステムである，街のにぎわいを創出する，などが挙げられている。

図 6.3　LRT

(2)　交通結節点の改善

　交通結節点とは，鉄道，自動車，自転車，徒歩などの交通手段を変更する箇所をいう。駅前広場や駅へのアクセス道路，自由通路，ペデストリアンデッキ，パークアンドライド駐車場などの整備を行い，交通手段を変更する際の不便を最大限低減しようとする工夫がなされている。これにより，鉄道からバス，自転車や徒歩などというように，公共交通を利用することにつながり，結果として環境に負荷の少ない移動手段が確保されることになる。また，交通結節点を重点的に整備することを通じて，その周辺の商業業務機能の集積も図れるとの期待もある。

(3)　都市中心部への居住の推進

　モータリゼーションの影響で市街地が拡大し，郊外部における商業業務立地により従来までの中心市街地が衰退してきている。また，都心部の夜間人口も減少してきており，比較的公共交通へのアクセスのよい都心部への居住を図ることを通じて，かつてのにぎわいを取り戻そうとする意図である。また，地方都市では高齢化が進み，高齢者だけの世帯が移動手段の確保もままならない郊

外部で住み続けるには無理があり，その対策として高齢世帯の都心居住も進められている。

6.3 地域の自然環境保全

6.3.1 生物多様性を守る

環境白書によれば，生物多様性とは「深海から高地まで，地球上のさまざまな環境に適応したたくさんの生き物が暮らしていること」と定義されている。地球上にはさまざまな環境条件が存在し，長い年月をかけてその環境に適合する形で種の生存が保たれてきている。このような生態系の中にさまざまな生き物がいることを「種の多様性」と呼び，現在，3,000万種の生物が地球上に生存しているといわれている。これら生物はさまざまな形で相互依存し微妙なバランスのうえに成り立っており，このバランスが失われると人間の力では回復しようのない事態も発生する。たとえば，頂点の生物が死滅し食物連鎖が崩れると，その下の生物が大量発生し，その結果として，それら生物が餌としていたその下の生物が死滅する事態にも発展する。種の多様性を維持するには，自然の力を持ってしか難しいことがわかる。一方，同じ生物の中にも体の大きいものや，病気に対して抵抗力のあるものがあり，そのことを「遺伝子の多様性」という。地球環境は長期スパンでみるとさまざまな環境変化を経てきているが，その中である生物が長らく生存し続けてきていることは，この遺伝子の多様性による。

人間は生物の多様性からさまざまな恩恵を受けている。たとえば，身近なところでは植物の光合成により二酸化炭素が吸収され酸素が供給されることや，植物，動物を食料として摂取していることなどがある。人間は自らの生存に関係する部分のみを都合よく摂取し，その影響は省みないという批判がある。特に，大量生産，大量消費の現代社会にあっては，生産消費にかかるコストに非常に敏感に反応するため，自然から受けている恩恵に見合うコストを負担するという意識が欠如しつつある。その結果，その恩恵を得ることができないくらい自然が傷み，修復不可能な状態になっている部分もみられる。気候変動，異常気象による自然災害，温暖化による病気や害虫の異常発生など，人間が予測

できない事態が世界各地で発生している。しかし，過去を振り返ると，日本の里地里山に代表されるように人間と自然がともに共存し，人間の手が入ることにより地域の自然環境も維持されるということもみられた。失われつつある人間と自然との共存の在り方を見直す必要がある。

人間が自然から受けているさまざまな恩恵を生態系サービスと捉える考え方がある。地球40億年の歴史の中で約3,000万種の生物が生存し，多様な営みの中で人間が生かされている。その恩恵を，生態系からのサービスと捉え，人間の社会経済システムの中でどのようにそのサービスの劣化を防ぎ，生態系の維持保全のためにシステムを組み上げるかということが問われている。地球の森林面積は40億7,728万haあり，2000年から2005年の間に730万ha失われた。また，生物資源の過剰利用も深刻で，1950年から2000年の50年間の人口増加が2.4倍ほどであるにもかかわらず，漁獲高は6倍にもなっている。明らかに海洋資源をとりすぎており，それが無駄に廃棄されていることを考えると，資源保護という観点だけでなく，ライフスタイルの見直し，社会経済システムの再構築も含めて抜本的な改善が必要である。

そのための一つの方策として，生態系サービスへの適切な支払いを考えるということがある。人間から見た利用価値と非利用価値に細かく分けて評価するということである。具体的には，自然の状態であることによる自然科学的価値と，人間が利用することによる社会科学的価値に分けて，その両方の価値を長

(環境白書平成25年版)

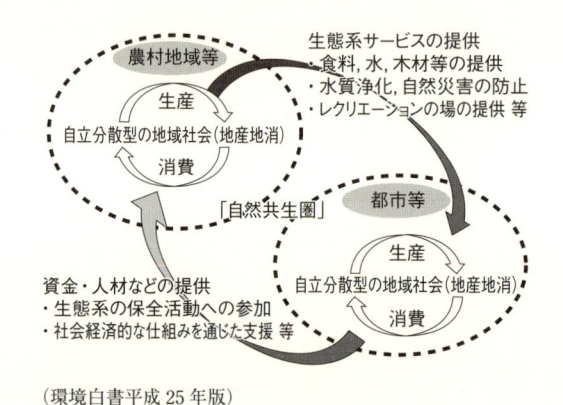

図 6.4　自然共生圏のイメージ

 供給サービス	 調整サービス	 基盤サービス（生息・生育地サービスともいう）	 文化的サービス
・食料 ・淡水資源 ・原材料 ・遺伝子資源 ・薬用資源 ・観賞資源	・大気質調整 ・気候調整 ・局所災害の緩和 ・水量調節 ・水質浄化 ・土壌浸食の抑制 ・地力の維持 ・花粉媒介 ・生物学的防除	・生息・生育環境の提供 ・遺伝的多様性の保全	・自然景観の保全 ・レクリエーションや観光の場と機会 ・文化，芸術，デザインへのインスピレーション ・神秘的体験 ・科学や教育に関する知識

（環境白書平成25年版）

図 6.5 生態系サービスの分類

期的，包括的に捉え，比較計量することにより保全を図ることになる。その場合，自然がそのままの状態から受ける恩恵は貨幣価値にするといくらになるのか，逆に恩恵を受けるために自然に人間の手を入れて便益を確保する費用はいくらになるのか，それらを長期的視点でとらえ検討するというものである。開発し便益を得たとしても，利用後に復元するコストまで入れると，明らかに人間が手を入れないで自然のままにしておいたほうがいい場合が考えられる。

　生物多様性条約に基づく締約国会議では，さまざまな取組みが行われている。COP 10 では主に三つの目的が定められ締約国間で議論された。一つめは生物多様性の保全，二つめは生物多様性の構成要素の持続可能な利用，三つめは遺伝資源の利用から生じる公正かつ衡平な配分である。特に，3つめの目標が，先進国と途上国，資源をもてる国とそうでない国の間で議論が分かれるところである。たとえば，先進国の製薬会社が途上国の熱帯雨林から新しい遺伝子を発見し，それを本国に持ち帰り研究開発の末，新しい新薬を開発して莫大な利益を得たとしても，元々遺伝子のあった途上国には何の利益ももたらさない。また，先進国の穀物メジャーが，同じように新しい遺伝子を発見し，それをもとに気候変動に強く収穫量も多い種子を開発したとしても，途上国はそれを購入することになり，元々遺伝子をもっていたにもかかわらず何の利益もないばかりか，余計に負担を強いられることになる。このような例が多数あり，

先進国と途上国との間で遺伝子の権利関係で意見対立が起こっている。適切な生物多様性維持のためには，新たな遺伝子が存在していた自然環境の多様性を保つことが重要で，未来にわたって人間が恩恵を得るためには，新薬や新種子で得た利益の一部を，途上国の自然保護に充てるべきであるという意見がある。

6.3.2 里地里山の保全

里地里山というのは，都市近郊，または郊外部にある自然で，人間の暮らしの一部として利活用され，維持・形成されてきた自然環境をいう。たとえば，田畑や雑木林などがある。水田耕作という昔ながらの営みによって小さな生き物が生息でき，さらにそれを餌とする鳥などが飛来し，長く種の保存が維持されることになる。人間が米という糧を自然界から得ると同時に，動植物の生態系維持にも役立っている例である。また，雑木林についても，落ち葉を拾い畑にまき肥料とすることにより，土の養分を維持し作物収穫が可能となる一方で，雑木林に光が差し込み，新たな生命の誕生を支えることにつながっていく。このように，手つかずの自然環境がある一方で，人の手が入ることにより動植物の生態系が長く保たれてきた自然環境も数多くあり，日本だけでなく世界各国に存在する。しかし，近年の都市化や都市開発の拡散，農林業従事者の高齢化や減少などにより，その存在が危ぶまれている。

日本が提唱したSATOYAMAイニシアティブでは，以下のような取組みが進められている。

① 特徴的な取組みを行う里地里山の調査・分析と情報発信
② 環境教育・エコツーリズムの場や，バイオマス利用など，里山の新たな利活用方策の施行と社会実験
③ 多様な主体が共有の資源として持続的に里山を管理・利用するルールや枠組みの構築
④ 里地里山に対する国民の関心および理解を促し，多様な主体による保全活用の取組みを全国各地で国民運動として展開する「里地里山保全活用行動計画」の策定

図 6.6　里山での環境学習の様子

6.4 環境アセスメントの実例

6.4.1 環境アセスメントの方策

　環境アセスメントとは，土地の改変や工作物の建築などによる自然環境への影響を緩和する目的で，その影響を予測，評価することである。大気汚染や水質汚濁などを直接規制コントロールするのではなく，事業による影響を可能な範囲で事前に予測し，その結果をもって事業規模，事業内容の見直しを行い，より良い形で事業が行えるように誘導することが目的である。事業者の自主的な環境配慮を誘導することが目的であり，罰するためのものではない。そのため，アセスメントの結果次第では，事業を中止することも考慮される。

　日本では，1997年に環境影響評価法（アセス法）が制定された。実は，1972年にすでにアセスメント制度導入について閣議了解されており，1997年になって制定された背景として原科（2002）は以下の四つを挙げている。

　① 1960年代に顕著となった公害問題への対処が必要となったこと
　② この過程で生じた住民運動が活発になったこと
　③ ①，②の流れの中で，四日市公害訴訟の判決で企業の責任が問われたこ

と

④ アメリカのNEPA（国家環境政策法，National Environmental Policy Act）に基づくアセスメント制度が始まったこと

　この中で，特に四日市公害訴訟では，事前に環境に与える影響を総合的に調査研究し，その結果を判断して立地する注意義務があることが述べられ，工場などの建築に際しては事前にその影響を考慮し，立地場所の評価を行うこととなされた。しかしその後，25年かかってようやく法制度に至っている。

　日本のアセスメント制度の課題は，アセス実施負担が大きいことといわれている。法の対象となるのは，13種類の特に大規模事業（表4.2参照）のみである。したがって，実施するとなると数億円から数十億円かかり，アセス結果がでてもそれを全面的に考慮しての事業の見直しまでは至らないケースが多いといわれている。日本における年間アセス実施は数十件であるが，アメリカの場合は3万から5万件となっている。その背景には，アメリカの場合，アセスは簡易アセスが主流で，定性的なチェックのみの場合もある。したがって，より多くの事業に対してアセスメントが実施されている。日本の場合，アセス法の対象からは外れた中小規模の事業が多く，このような事業の累積的影響を懸念する声がある。事業規模の小さなもので，その影響も微々たるものであっても，その数が増え，累積的に積み重なれば影響は深刻になる。日本のアセスの在り方を見直す必要があろう。

　アセス法に基づく実施は，以下の四つのステップに要約される。

1) 計画段階の配慮

　　以下に説明する2)，3)，4)は事業段階のアセスメントであるが，事業を実施するか否かを判断する施策策定段階で実施するアセスメントである。一般的には戦略的環境アセスメント（Strategic Environmental Assessment：SEA）と称される。目的としては，事業実施にかかわる施策決定段階において，その経済的，社会的影響を広く検証し，事前に適切な対応が取れることを確実にすることである（原科，2002）。したがって，計画代替案の検証も同時に行われ，実施する場合と実施しない場合を比較検討することもある。意思決定の透明性を高める一方で，住民も含めた多様な主体の参加のもとでの合意形成の在り方も課題となってい

6.4 環境アセスメントの実例 **133**

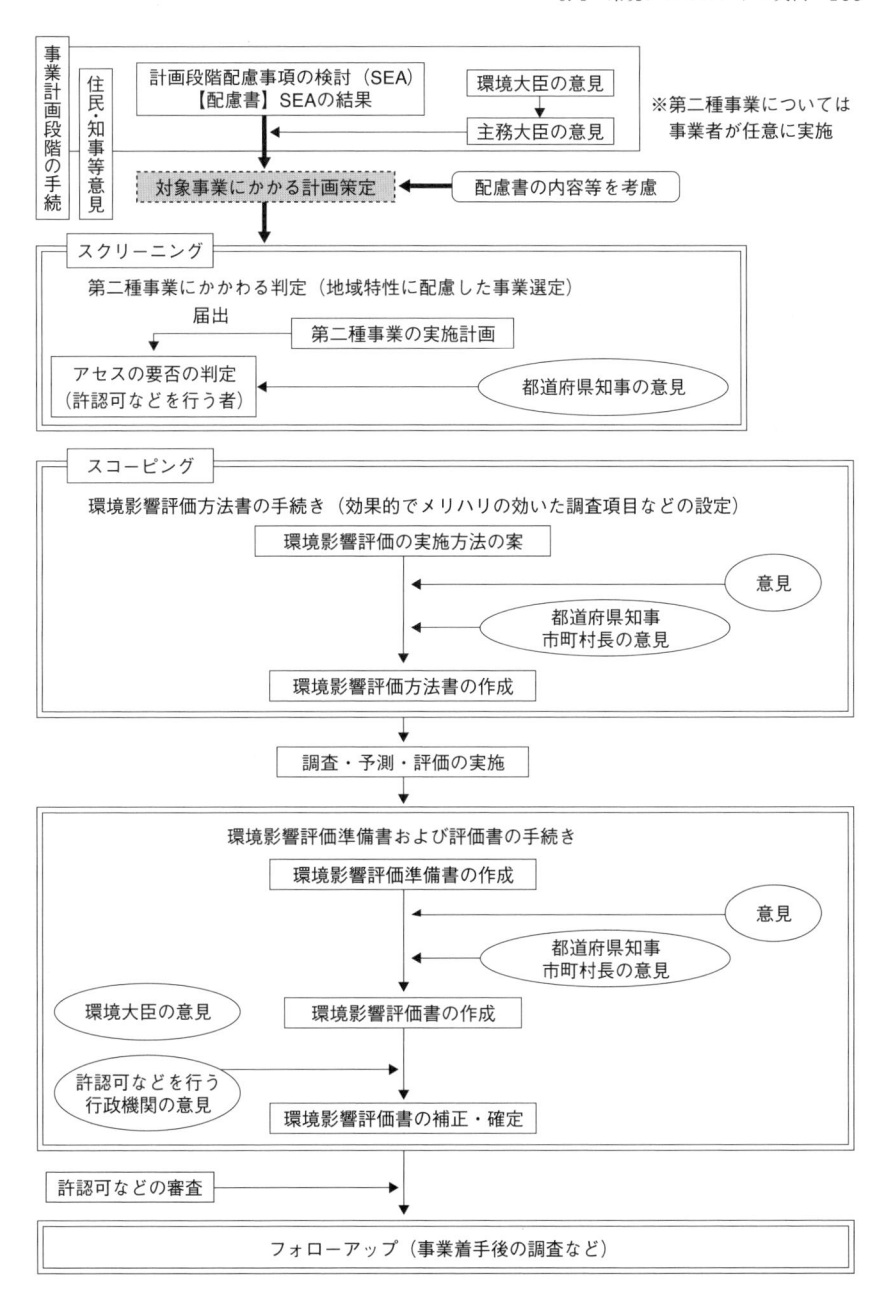

```
事業計画段階の手続
  住民・知事等意見

  ┌─計画段階配慮事項の検討（SEA）──環境大臣の意見
  │ 【配慮書】SEAの結果        ↓
  │                         主務大臣の意見     ※第二種事業については
  │                                        事業者が任意に実施
  └→対象事業にかかる計画策定 ← 配慮書の内容等を考慮
         ↓
  ┌─ スクリーニング ──────────────────────────┐
  │  第二種事業にかかわる判定（地域特性に配慮した事業選定）  │
  │       届出                                │
  │        ↓    第二種事業の実施計画            │
  │  アセスの要否の判定 ← 都道府県知事の意見        │
  │  （許認可などを行う者）                       │
  └──────────────────────────────────┘
         ↓
  ┌─ スコーピング ──────────────────────────┐
  │  環境影響評価方法書の手続き（効果的でメリハリの効いた調査項目などの設定） │
  │   環境影響評価の実施方法の案                   │
  │        ↓←─────────── 意見           │
  │        ↓←─── 都道府県知事               │
  │                市町村長の意見              │
  │   環境影響評価方法書の作成                    │
  └──────────────────────────────────┘
         ↓
      調査・予測・評価の実施
         ↓
  ┌─ 環境影響評価準備書および評価書の手続き ──────────┐
  │   環境影響評価準備書の作成                     │
  │        ↓←─────────── 意見           │
  │        ↓←─── 都道府県知事               │
  │                市町村長の意見              │
  │   環境影響評価書の作成                       │
  │   環境大臣の意見 →                         │
  │   許認可などを行う                          │
  │   行政機関の意見 →                         │
  │   環境影響評価書の補正・確定                   │
  └──────────────────────────────────┘
   許認可などの審査 →
         ↓
  ┌────────────────────────────────┐
  │   フォローアップ（事業着手後の調査など）            │
  └────────────────────────────────┘
```

図 6.7 環境影響評価の手続の流れ

る。
 2) スクリーニング
スクリーニングとは，個々の事業についてアセスメント対象にするか否かを判断することである。アセス法対象事業は13種類の大規模なものに限定されている。
 3) 方法書
方法書とは，対象事業の影響をどのような範囲まで考慮するかを取りまとめたものである。事業実施により，さまざまな範囲で影響が及ぶ。その影響を評価するに際して，どのような項目（たとえば，大気，水，土壌，生態系，景観，騒音など）を取り上げるか検討する必要がある。また，それら評価項目を踏まえて，どの程度まで事業の代替案を検討するかも求められる。それらを総合し，調査，予測，評価の方法をどのような内容にするかを取りまとめたものが方法書である。別な言い方をすると，スコーピング段階（scope）とも称される。この方法書段階では，まず業者が案を作成，公表し，住民等からの意見を受けて方法書の修正，確定が行われる。
 4) 準備書と評価書
準備書とは，方法書の内容に関する住民からの意見を踏まえて，追加で調査を実施する場合があり，その結果を取りまとめたものである。この準備書を作成し，再び住民意見を踏まえ，方法書の修正が行われる。この一連のプロセスの結果を取りまとめたものが評価書である。このプロセスを通じて，業者の住民との間でコミュニケーションが図られ，より良い方向で事業実施されるような仕組みとなっている。

アセス法の他に，自治体によるアセスメントがある。基本的には，アセス法の対象外となった事業について実施される。法律と自治体の条例との関係では，通常，法律の範囲内での条例施行となるが，環境行政の場合は，対象範囲を広げる（"横出し"）ことや，基準をさらに厳しくする（"上乗せ"）が認められている。したがって，対象事業も自治体に必要な案件が含まれており，たとえば，都市部の高層建築物や農村部のゴルフ場などがある。

6.3.2 実例

表6.1に，日本で実施された清掃工場整備事業の概略を示す．循環型ごみ処理システムを構築するための施設整備として行われた事業である．

環境影響評価手続きについては，環境影響評価調査計画書から評価案の提出，それぞれに対する市民，関係行政団体からの意見を受ける形で見解書，修正等を経て最終報告書となっている．

表6.2に，環境影響評価項目と評価対象を示す．大気汚染，悪臭，騒音，振動，土壌評価，電波障害，景観，廃棄物，温室効果ガスのそれぞれの項目ごとに，対象となる汚染物質，騒音振動などの大きさ，対処方法などが記載されている．

評価書では，それぞれの対象について，現況調査，予測，環境保全のための措置，評価の四つの項目について記述されている．現況調査では，調査事項，調査地域，調査手法，結果の順に記載されており，予測では，対象地区，予測方法，結果の順となっている．環境保全のための措置では，工事の施工中と完了後に分けて，それぞれの対象について保全措置が記述されている．例えば，騒音の場合は，車両の規制速度を順守することや，工事区域境界に防音壁を設置する，さらには使用する工事用建設機械を低音型にするなどが記載されている．評価については，それぞれの対象にかかわる環境基準に照らし合わせて評価がなされている．ただし，その中でも景観については，絶対的な科学的基準というよりは，対象事業が立地する自治体が作成している景観計画に即したものとなっているかを審査する形となっている．

表 6.1 対象事業の概略

敷地面積		約 92,000 m²
処理能力	焼却炉	可燃ごみ　1,200 t/日
	灰溶融炉	灰　140 t/日
主な建築物等	工場等	鉄筋コンクリート造 高さ：約 43 m
	煙突	外筒鉄筋コンクリート造・内筒鋼製 高さ：約 48 m

表6.2 環境影響評価項目と評価対象

環境影響評価項目	評価対象
大気汚染	（工事の施行中） ・建設機械の稼働に伴う排出ガスによる影響を付加した浮遊粒子状物質および二酸化窒素の予測濃度 ・施設の稼働に伴う煙突排出ガスによる影響を付加した二酸化硫黄，浮遊粒子状物質，二酸化窒素の予測最大着地濃度 ・工事用車両および清掃車両の走行に伴う排出ガスによる影響を付加した浮遊粒子状物質および二酸化窒素の予測濃度 （工事完成後） ・施設の稼働に伴う煙突排出ガスによる影響を付加した二酸化硫黄，浮遊粒子状物質，二酸化窒素の予測最大着地濃度 ・清掃車両の走行に伴う排出ガスによる影響を付加した浮遊粒子状物質および二酸化窒素の予測濃度
悪臭	（工事の施行中および完成後） ・施設の稼働時の計画地敷地境界での臭気指数，煙突からの臭気排出強度
騒音	（工事の施行中） ・建設機械の稼働に伴う計画地敷地境界における騒音レベル ・工事用車両および清掃車両の走行に伴う騒音レベル ・施設の稼働に伴う計画地敷地境界における合成騒音レベル （工事完成後） ・施設の稼働に伴う計画地敷地境界における合成騒音レベル
振動	（工事の施行中） ・建設機械の稼働に伴う計画地敷地境界における振動レベル ・工事用車両および清掃車両の走行に伴う振動レベル ・施設の稼働に伴う計画地敷地境界における合成振動レベル （工事完成後） ・施設の稼働に伴う計画地敷地境界における合成振動レベル
土壌汚染	・フッ素，ダイオキシン類の検出検査。検出された場合は適切な拡散防止対策を実施すること。建設発生土は，原則，全量を埋め戻すこと。
電波障害	・テレビ電波（地上デジタル波および衛星放送）の遮蔽障害
景観	・立地する自治体が作成する景観基本計画等に記載されている景観づくりの考え方に即していること
廃棄物	・コンクリート塊等の建設廃棄物については分別，再資源化を図る。再資源化できないものは産業廃棄物としてマニュアルにそって処理する。 ・施設の稼働に伴い発生するスラグ，溶融飛灰固形物およびメタル・アルミ等。スラグは埋立処分場の集水帯等として有効利用。鉄，メタル・アルミは回収し，有価物として再資源化。溶融飛灰固形物は埋立処分。
温室効果ガス	・エネルギーの有効利用としてごみ発電および太陽光発電を行い，新エネルギー等を積極的に活用。

表 6.3 環境影響評価項目として選定しなかった項目とその理由

環境影響評価項目として選定されなかった項目	その理由
水質汚濁	・解体工事により発生する汚水や雨水などは工場内の汚水処理施設で処理する。 ・工事完了後にプラント排水およびろ過式集じん器室に降った雨水は，汚水処理施設において，凝集沈殿ろ過方式により，貴金属類，ダイオキシン類等を下水排除基準に適合するように処理し，公共下水道に放流する。 ・汚水処理施設では，pH 値またはその異常が認められた場合は公共下水道に放流しない。 ・灰の処理は密閉型のコンベヤ等により併設される灰溶融施設へ送られ，無害・安定化処理するか，または密閉型の灰搬出車により搬出する。
地盤	・止水性に優れた山留壁を用い，難透水層である安定した地層へ根入れする工法を取る。
地形・地質	・山留壁に剛性の高いソイルセメント壁を採用し，山留壁を支える支保工には剛性切梁を採用し，周辺の地盤を保全する。
水循環	・工事の試行中の掘削工事に際しては，止水性に優れた山留壁を用い，不透水層に十分に根入れを行うなどの対策を講じるため，周辺地下水位の低下に影響を及ぼすことはほとんどない。
生物・生態系	・計画地周辺において陸上植物，陸上動物に影響を与えることはない。
日影	・既存施設と同等の高さであるため影響はない。
風環境	・既存施設と同等の高さであるため影響はない。
史跡・文化財	・史跡・文化財等の保有地はみられない。
自然との触れ合い活動の場	・本事業の実施により触れ合い活動の場およびその機能に与える影響は少ない。

　表 6.3 は，環境影響評価項目として選定しなかった項目とその理由である。基本的には，敷地内で適切に処理される場合や該当しない場合などとなっている。

　以上のように，環境影響評価については，評価対象の選定から始まって，調査方法・手法の絞り込み，影響を緩和するための具体的措置，総合評価という流れになっている。その中で，必要な段階で市民や関連行政団体からの意見を募り，それに応える形で環境影響評価の質を上げ，対象事業の円滑な推進に向

けて合意形成が図れる仕組みとなっている。

演習問題
1. 二酸化炭素の排出要因の式を説明し，それぞれの要因を各国の事情に応じてどのように考慮すればいいか述べよ。
2. コンパクトな市街地の形成は，どのような面で環境への負荷を低減するか述べよ。
3. 生態系サービスの意味について説明せよ。
4. 先進国と途上国の間における遺伝資源の利用から生じる議論について述べよ。
5. 環境アセスメントにおける計画段階の配慮について述べよ。
6. スクリーニング，スコーピングの違いについて述べよ。

参考文献
1) 花木啓祐：都市環境論，岩波書店（2004）
2) 環境省編：環境白書　平成25年度，日経印刷（2013）
3) 原科幸彦：環境アセスメント，岩波書店（2002）

第7章
環境教育・環境倫理

　環境問題への対応を長期的視点で考えた場合，環境教育の果たす役割は極めて大きい。環境問題の根源は，人間活動による自然環境への過剰な負荷であり，その低減のためには一人一人がライフスタイルを見直すことが求められる。そのためには，環境問題の要因とその現状に関して，科学的調査，分析結果など信頼性のおける情報に基づいて議論することが重要であり，分析結果を考察する際にも客観的，公平性に基づく判断が求められる。人間と環境とのかかわりを教育する，学習することを通じて，世代間にわたる環境問題解決を探っていく必要がある。本章では，環境教育，環境倫理の役割について考えていく。

7.1　環境教育，環境学習

7.1.1　持続可能な開発の考え方

　自然環境と人間とのかかわり，特に人間活動が自然環境に及ぼす影響を考え，一人一人が責任ある行動をとることは大切なことである。知恵を絞り，技術開発により環境負荷低減を図ることも大事であるが，個々人の行動，特にライフスタイルを見直し，自然環境に対する負荷が少なくなるような行動につなげることが求められる。

　地球上の資源には限りがある。その限りある資源を賢明な方法で利用し，子々孫々に持続可能な社会を引き継いでいくことが求められる。その点において，環境教育，環境学習を通じて，一地球市民として責任ある行動を啓蒙することは重要である。

　「持続可能な開発」という考え方は，1987年に公表された「環境と開発に関する世界委員会（ブルントラント委員会）」の中で唱えられた。1992年の「環

境と開発に関する国連会議（地球サミット）」では，世界各国において持続可能性を重視して取り組んでいくことが合意された。国際社会において，この持続可能性の考え方に関して以下の四つの共通理解があるといわれている。

① 環境のもたらす恵みを次世代まで引き継いでいく。
② 地球生態系の中の一構成員として自覚し，その中で多様な生物たちと共存共栄していく。
③ 人間の生存にとって必要不可欠な基礎的ニーズを重視し，そのうえで大量消費，大量生産につながるようなライフスタイルを改める。
④ 意見や立場の違う多様な人々の参加，協力，役割分担。

国際社会での環境教育に対する取組みとしては，以下の三つが評価されている。
① ストックホルム人間環境宣言（1972 年）
② 国際環境教育会議におけるベオグラード憲章（1977 年）
③ 環境教育政府間会議のトビリシ勧告（1977 年）

これら一連の宣言では，環境教育の目的として以下の三つが重要であると指摘された。
① 環境問題に関心をもつこと
② 環境に対する人間の責任と役割を理解すること
③ 環境保全に参加する態度と環境問題のための能力を育成すること

以上の 3 点に加えて，環境を理解する際には，客観的で公平な態度をもって科学的視点で判断することも重要であろう。環境問題は多くの人にかかわる事象を発生させる。したがって，その解決に際する合意形成においては，常に科学的調査，分析結果など信頼性のおける情報に基づいて議論することが重要であり，分析結果を考察する際にも客観的，公平性に基づく判断が求められる。そのためには，ただ単に人間と環境とのかかわりを教育する，学習するだけでなく，科学的に調査・分析できる能力，物事を多面的に洞察できる能力などを

養う教育をすることも重要である。また，自らが主体的に参画行動できる積極性も求められる。

7.1.2 環境教育と啓発

2002年（平成14年）のヨハネスブルグサミットでのわが国の提案をきっかけに，2005年（平成17年）からの10年は，国連「持続可能な開発のための教育の10年」とされた。その後，持続可能な開発のための教育，いわゆるESD（Education for Sustainable Development）に，世界中が取り組んでいる。わが国においても，平成23年に改正法として成立した「環境教育等による環境保全の取組の促進に関する法律」および同法に基づく基本方針において，学校教育における環境教育の充実や，さまざまな主体が適切な役割分担の下で相互に協力して行う協働取組みの重要性などが明記され，現在，国内各地でこれらに基づく取組みが行われている。

環境教育は，環境問題の解決に役立つ行動がとれる人間を育成するための教育であるが，環境問題は国の状況や時代によってその対象や質が異なってくる。したがって，環境教育の内容も国や時代によって変わってくる。世界の環境教育は，1972年のストックホルムで開催された国連人間環境会議に端を発し，1977年のトビリシ会議で一応の教育目標の方向づけができたといえる。

環境問題は経済活動の結果として起こるが，私たちの生活は経済活動に支えられており，その活動をやめることはできない。私たちの生活に必要なものやサービスは，お金を対価として支払うことによる市場経済を通じて得られる。その仕組みは人間社会を支える根本的な部分ではあるが，生活のための消費が環境に与える影響を見えにくくし，これは，現代社会では生活の場と自然とのつながりが必ずしも身近でない場合が多く，また現在の経済システムは，ものやサービスの直接の対価は求めるが，環境への影響に対する価格を適切に含んでいないために生じることである。私たちがものやサービスを消費するとき，その環境への影響は私たち自身のライフスタイルに大きく影響される。たとえば，自動車の走行性や排気ガス中の汚染物質の除去技術がいくら進歩しても，私たちの自動車の利用頻度や1台あたりの走行距離がそれ以上に多くなれば，トータルとして環境への負荷やエネルギー消費量は必ずしも減少しない。とこ

ろが，技術的な進歩には膨大な時間，エネルギーおよび資源が必要であるが，私たちの自動車利用が減れば，明らかにその分の環境への負荷は減少するのである。環境問題を解決するには，政策的な規制や技術的な進歩のみならず，私たちの日常の行動が環境に及ぼす影響をしっかりと認識し，日常生活の中で資源のリサイクルや前章までで述べた消費の質的変革などを自ら実行することが重要である。すなわち，一人ひとりにその行動の環境への影響を認識させ，行動の選択肢を与えるとともに，環境保全のための行動原理を示すことが必要であり，地域社会での教育，すなわち環境教育が極めて重要である。

7.2 環境倫理

　ベオグラード憲章は，環境教育には新しい全地球的な倫理が必要であることを指摘している。環境問題を解決していくには，環境と人間のかかわりを正しく認識し，一人ひとりが環境を大切に思う価値観を養い，それに従った行動をとることが重要である。この環境を重要視する価値観は，個人レベルだけでなく，社会としても，また全地球的にも共有することが大切であり，物質的豊かさや経済効率のみを求める価値観ではなく，人間の行動を環境保全という観点から律する新しい規範となる環境倫理を確立することが求められている。たとえば，地球環境問題の対策には国際関係が重要であり，そのための国際協定が不可欠である。地球温暖化防止のための京都議定書のような国際協定は，各国の国内法を集約したものではなく，逆に国際協定が各国に立法化を義務づけるものである。このとき立法化を義務づける根拠は，本質的には環境倫理から正当化される。さらに，法的規制では解決できないことに対する規制は，まさに倫理的規制を受けることになる。国際法でも国内法でも法の背後には倫理があり，環境法の背後には環境倫理が欠かせない。

　21世紀社会における経済，環境，技術の関係は，科学技術の助けを借りながら経済活動を環境的制約にいかに適応させた社会を築いていくかということであり，その規範となるのが環境倫理である。20世紀社会においては，資源をふんだんに使った科学技術に経済活動が支えられて社会の繁栄を築いてきたが，一方で，環境汚染や資源の枯渇が問題となり，それに対してさらに科学技

術によって解決しようとしてきた．しかし，地球温暖化のような深刻な地球環境問題に表れているように，環境的制約を科学技術によって克服することには限界があり，すでにその構想は破綻寸前にある．科学技術にできることは，環境的制約を克服することではなく，社会をそれに適応させるための手助けをすることである．その行動原理を正当化するのが環境倫理である．

環境倫理は環境問題に対して三つの視点をもつ．第一の視点は，地球は有限な生態系であり，人間のあらゆる行為は他者に対して害を及ぼす危険性をもつので，倫理的統制のもとにあるということである（地球の有限性）．第二の視点は，環境問題においては現在の世代が加害者になり未来の世代が被害者になりうるので，現在世代の合意が世代間の関係を正当化できるかということである（世代間倫理）．第三の視点は，生物はそれ自身として生存する権利があるというもので，生命をもたなくても，未来世代の利害にかかわる資源や財には生存権を認めるということである（自然物の生存権）．

地球の有限性は，たとえば石油は有限であり，それを採掘し利用するのであれば，その採掘や燃焼ガスの排出が他者（非当該者，生態系，未来世代など）に及ぼす害の代償として，倫理的統制のもとに炭素税を支払うべきであるということである．この視点は，同時に自然物の生存権とも深いかかわりをもち，全体主義とも捉えられる．世代間倫理は，仮に現在世代が合意の下に石油を採掘・利用した結果，石油が枯渇しても，燃焼ガスによる大気汚染が生じても，未来世代は全く文句もいえず，資源不足や汚染の改善を強いられるだけであり，この世代間の関係が正当化できるかということである．この関係は現在世代と未来世代の間に成立する相互的な倫理ではなく，現在世代が未来世代に対して一方的に責任を負うような倫理である．しかし，過去世代も現在世代に対して同様な責任を負ってきたのである．自然物の生存権は，自然の固有の価値とも捉えられ，現在利用されていない生物も未来世代には有用であるかもしれないから保護すべきであるという主張ではなく，人間のために有用であるか否かにかかわらず，生存する権利があるという考え方である．つまり，人間中心の自然保護ではなく，自然自身に価値を認め，すべての自然物が内在的な価値をもっているという考え方である．この視点は，全体の利益のために個体に犠牲を強いるということもあり，環境全体主義（エコファシズム）という批判に

つながりやすく，環境倫理の上述の3視点は，現在の社会における政治，経済，法律に照らし合わせると必ずしも正当化されない。ここに，ベオグラード憲章が新しい全地球的な倫理を求めている理由があり，私たちは環境的制約に対して社会を適応させるため，現在の社会システムを再構築していく必要に迫られている。環境全体主義については，人間も他の自然物と同じく地球上の生命共同体の一員であり，自然環境を愛するという心から自ら進んで行動すれば，全体主義という批判はあたらないことになろう。

演習問題
1. 環境技術で環境問題への解決を図ることと同時に，環境教育の推進で環境問題への対応を図る意義について述べよ。
2. 環境教育において，科学的手法に基づく客観的分析方法が求められる理由について述べよ。
3. 持続可能な発展のためには，環境教育とその啓発が重要である論拠について述べよ。

参考文献
1) 佐島群巳，中山和彦：世界の環境教育，国土社（1994）
2) 佐島群巳：環境教育の基礎・基本，国土社（2002）
3) 加藤尚武：環境と倫理，有斐閣（2000）
4) 土木学会環境システム委員会編：環境システム，共立出版（1999）

索引

〈ア 行〉

愛知目標 …………………………………… 73
アオコ ……………………………………… 32
赤潮 ………………………………………… 32
悪臭防止法 ………………………………… 84
アジェンダ21 ……………………………… 15
足尾銅山鉱毒事件 ………………………… 17
亜硝酸性窒素 ……………………………… 33
アスベスト ………………………………… 41
亜砒酸 ……………………………………… 21
亜硫酸ガス ………………………………… 20

硫黄酸化物 ………………………………… 24
石綿 ………………………………………… 41
イタイイタイ病 …………………………… 19
一次消費者 ………………………………… 4
一律排水基準 ……………………………… 82
一般環境大気測定局 ……………………… 24
一般局 ……………………………………… 24
一般廃棄物 ……………………………… 35, 36
遺伝子の多様性 ………………………… 127
移動発生源 ………………………………… 23

ウイーン条約 ……………………………… 68
上乗せ排水基準 …………………………… 82

栄養塩 ……………………………………… 32
エコツーリズム …………………………… 74
エコロジカル・フットプリント …… 71, 107
エネルギー強度 ………………………… 124
エンド・オブ・パイプ技術 ……………… 7

汚染者負担の原則 ………………………… 81
オゾン層 …………………………………… 63
オゾン層保護法 …………………………… 99
オゾン破壊係数 ………………………… 100
オゾンホール ……………………………… 63
汚物掃除法 ………………………………… 84
温室効果 …………………………………… 58

温室効果ガス ………………………… 58, 99
温対法 ……………………………………… 99

〈カ 行〉

カーボンニュートラル …………………… 62
外部被爆 …………………………………… 47
外部不経済 ……………………………… 114
海面水位の上昇 ………………………… 57, 61
海洋汚染 …………………………………… 74
外来生物法 ………………………………… 73
化学物質汚染 ……………………………… 41
化学物質審査規制法 ……………………… 95
化学物質排出把握管理促進法 …………… 96
化管法 ……………………………………… 96
拡大生産者責任 …………………………… 86
化審法 ……………………………………… 95
合併処理浄化槽 …………………………… 31
家電リサイクル券 ………………………… 91
家電リサイクル法 ………………………… 90
カドミウム ………………………………… 19
カネミ油症事件 …………………………… 22
ガラス固化体 ……………………………… 50
枯葉剤 ……………………………………… 42
環境 ………………………………………… 1
環境アセスメント ……………………… 131
環境アセスメント法 …………………… 101
環境影響評価項目 ……………………… 135
環境影響評価準備書 …………………… 103
環境影響評価書 ………………………… 103
環境影響評価法 ……………………… 101, 131
環境影響評価方法書 …………………… 103
環境学 ……………………………………… 9
環境学習 ………………………………… 139
環境技術 …………………………………… 10
環境基本計画 ……………………………… 80
環境基本法 …………………………… 78, 80
環境教育 ……………………………… 10, 139
環境経済 …………………………………… 10
環境税 …………………………………… 114
環境政治 …………………………………… 10

環境性能評価手法 …………………… 117
環境全体主義 ………………………… 143
環境の世紀 ……………………………… 6
環境の日 ……………………………… 81
環境物品等 …………………………… 94
環境法の体系 ………………………… 78
環境容量 ……………………………… 3
環境ラベル …………………………… 95
環境倫理 ……………………………… 142
乾性沈着 ……………………………… 66
間接的規制 …………………………… 116

気温上昇 ……………………………… 57
気化熱 ………………………………… 54
気候変動 ……………………………… 61
気候変動に関する政府間パネル ……… 57, 118
気候変動枠組条約 …………………… 118
気候変動枠組条約締約国会議 ………… 16
基盤サービス ………………………… 69
逆工場 ………………………………… 7
供給サービス ………………………… 69
共同実施 ……………………………… 61
京都議定書 …………………………… 16
京都メカニズム ……………………… 61
極渦 …………………………………… 64

空間線量率 …………………………… 48
クリアランスレベル ………………… 50
クリーン開発メカニズム …………… 61
グリーン購入法 ……………………… 94
グレイ ………………………………… 47
グローバルヘクタール ……………… 71
クロロフルオロカーボン …………… 64

計画段階環境配慮書 ………………… 101
計画段階配慮事項の検討 …………… 101
形質変更時要届出区域 ……………… 82
ゲリラ豪雨 …………………………… 53
原因者負担 …………………………… 80
健康項目 ……………………………… 28
原子力 ………………………………… 118
建設リサイクル法 …………………… 91
建築物用地下水採取規制法 ………… 83

公害国会 ……………………………… 77
公害対策基本法 ……………………… 77

公害の原点 …………………………… 17
公害輸出 ……………………………… 14
光化学オキシダント ………………… 27
光化学スモッグ ……………………… 27
公共用水域 …………………………… 28
工業用水法 …………………………… 83
公健法 ………………………………… 18
交通結節点 …………………………… 126
鉱毒害 ………………………………… 13
高度経済成長期 ……………………… 5
高度処理 ……………………………… 33
高レベル放射性廃棄物 ……………… 50
小型家電リサイクル法 ……………… 94
小型電子機器 ………………………… 94
国際自然保護連合 …………………… 69
国際放射線防護委員会 ……………… 47
国連海洋法条約 ……………………… 74
国連人間環境会議 …………………… 15
固形化燃料 …………………………… 7
固定発生源 …………………………… 23
コプラナー PCB ……………………… 42, 97
混合解体 ……………………………… 91
コンパクトな都市構造 ……………… 125

〈サ 行〉

再使用 ………………………………… 89
再生利用 ……………………………… 89
里地里山 ……………………………… 128, 130
砂漠化 ………………………………… 75
サリドマイド薬害事件 ……………… 23
産業型公害 …………………………… 13
産業廃棄物 …………………………… 35, 40
産業廃棄物管理票 …………………… 87
三次処理 ……………………………… 33
酸性雨 ………………………………… 66
酸性沈着 ……………………………… 66
酸性物質 ……………………………… 66
残留農薬 ……………………………… 43

シーベルト …………………………… 47
ジエチルスチルベストロール ……… 45
紫外線 ………………………………… 64
資源の循環利用率 …………………… 36
資源有効利用促進法 ………………… 84, 88
事故由来放射性物質 ………………… 50
自浄作用 ……………………………… 30

索　引　147

自然エネルギーの活用 ……………… *118*
自然環境保全法 ……………………… *98*
自然共生社会 …………………………… *8*
自然公園法 …………………………… *98*
自然資本 ……………………………… *115*
自然線量 ……………………………… *47*
自然の浄化作用 ………………………… *3*
自然物の生存権 ……………………… *143*
持続可能な開発 ……………………… *139*
持続可能な社会 ………………………… *8*
実効線量 ……………………………… *47*
湿性沈着 ……………………………… *66*
指定再資源化製品 …………………… *88*
指定再利用促進製品 ………………… *88*
指定省資源化製品 …………………… *88*
指定表示製品 ………………………… *88*
指定副産物 …………………………… *88*
自動車 NOx/PM 法 ……………… *27, 82*
自動車排出ガス測定局 ……………… *24*
自動車リサイクル法 ………………… *93*
し尿処理施設 ………………………… *40*
自排局 ………………………………… *24*
地盤沈下 …………………………… *51, 83*
集約型都市構造 ……………………… *125*
受益者負担 …………………………… *80*
縮減 …………………………………… *92*
種の多様性 …………………………… *127*
シュバルツバルト …………………… *67*
樹木の立ち枯れ ……………………… *67*
シュレッダーダスト ………………… *93*
循環型社会 ……………………………… *8*
循環型社会形成推進基本法 …… *78, 84, 86*
循環国会 ……………………………… *78*
循環資源 ……………………………… *86*
浄化槽汚泥 …………………………… *40*
硝酸性窒素 …………………………… *33*
消費者 ………………………………… *4*
条例アセス …………………………… *103*
食品公害 ……………………………… *22*
食品廃棄物 …………………………… *92*
食品リサイクル法 …………………… *92*
食物連鎖 ……………………………… *2, 3*
新エネルギー ………………………… *118*
人工資本 ……………………………… *115*
人工排熱 ……………………………… *54*
人口論 ………………………………… *105*

振動 …………………………………… *52*
振動規制法 ………………………… *53, 83*
真の浄化 ……………………………… *31*
森林原則声明 ………………………… *75*

水質汚濁 ……………………………… *28*
水質汚濁防止法 ……………………… *82*
水質環境基準 ………………………… *28*
スクリーニング …………………… *103, 134*
スコーピング ……………………… *103, 134*
裾切り ………………………………… *82*
裾下げ ………………………………… *82*
スリーマイル島原子力発電所 ……… *48*

生活環境項目 ………………………… *28*
生活スタイルの変化 ………………… *110*
生産者 ………………………………… *4*
生産の三要素 ………………………… *114*
清掃法 ………………………………… *84*
生態系 ………………………………… *2*
生態系サービス …………………… *69, 128*
生態系ネットワーク ………………… *74*
成長の限界 …………………………… *106*
生物化学的酸素要求量 ……………… *31*
生物多様性 ………………………… *69, 127*
生物多様性基本法 ………………… *73, 98*
生物多様性条約 ……………………… *69*
生物多様性の損失 …………………… *72*
生物濃縮 ……………………………… *18*
赤外線 ………………………………… *58*
セシウム ……………………………… *46*
世代間倫理 …………………………… *143*
ゼロエミッション …………………… *7*
戦略的環境アセスメント ………… *101, 132*
線量限度 ……………………………… *47*

騒音 …………………………………… *52*
騒音規制法 …………………………… *83*
騒音に係る環境基準 ………………… *53*
ソックス ……………………………… *24*
ソフィア議定書 ……………………… *68*
ソロー ………………………………… *115*

〈タ　行〉

第一種監視化学物質 ………………… *95*
第一種事業 …………………………… *101*

第一種指定化学物質 ……………………97
第一種特定化学物質 ……………………95
ダイオキシン類 …………………39, 42, 97
ダイオキシン類対策特別措置法 ……42, 97
大気汚染 …………………………………23
大気汚染5物質 …………………………23
大気汚染防止法 …………………………81
大気環境基準 ……………………………23
第三種監視化学物質 ……………………95
胎児性水俣病 ……………………………18
代替フロン …………………………65, 100
第二種監視化学物質 ……………………95
第二種事業 ……………………………101
第二種指定化学物質 ……………………97
第二種特定化学物質 ……………………95
第2の土呂久 ……………………………21
耐容1日摂取量 …………………………43
第四次環境基本計画 ……………………9
大量生産・大量消費・大量廃棄 ………5, 6
田中正造 …………………………………17
炭素強度 ………………………………124
単独処理浄化槽 …………………………31

チェルノブイリ原子力発電所 …………48
地下水の汚濁 ……………………………33
地球温暖化 ………………………………57
地球温暖化係数 …………………………60
地球温暖化対策推進法 …………………99
地球温暖化対策税 ………………………62
地球サミット ……………………………15
地球の有限性 ………………………… 143
地層処分 …………………………………51
窒素酸化物 ………………………………24
中性子線 …………………………………47
調整サービス ……………………………69
直接的規制 ……………………………116

ディーゼル排気粒子 ……………………26
低炭素社会 ………………………………8
低レベル放射性廃棄物 …………………50
デシベル …………………………………52
豊島産業廃棄物事件 ……………………21
テトラクロロエチレン …………………33
典型七公害 …………………………14, 81
点源 ………………………………………28

東京都中央卸売市場 ……………………35
毒性等価係数 ……………………………43
毒性等価量 ………………………………43
特定汚染源 ………………………………28
特定家庭用機器 …………………………90
特定建設資材 ……………………………91
特定再利用業種 …………………………88
特定事業場 ………………………………82
特定省資源業種 …………………………88
特定包装 …………………………………89
特定有害産業廃棄物 ……………………40
特定容器 …………………………………89
特別管理一般廃棄物 ……………………36
特別管理産業廃棄物 …………………40, 88
都市・生活型の環境問題 ………………13
土壌汚染 …………………………………34
土壌汚染対策法 …………………………82
土壌環境基準 ……………………………34
トビリシ会議 ………………………… 141
トリクロロエチレン ……………………33
トリブチルスズ …………………………45
土呂久砒素公害 …………………………21

〈ナ　行〉

内部被爆 …………………………………47
内分泌かく乱化学物質 …………………45
内分泌かく乱作用 ………………………45

新潟水俣病 ………………………………19
二酸化硫黄 ………………………………24
二酸化炭素の濃度 ………………………59
二酸化炭素の排出要因 ……………… 123
二酸化窒素 ………………………………24
二次処理 …………………………………33

抜け上がり ………………………………52

熱帯夜 ……………………………………53
熱帯林の減少 ……………………………75

農薬 ………………………………………43
農薬登録保留基準 ………………………44
農薬取締法 ………………………………44
農用地土壌汚染防止法 …………………83
ノックス …………………………………24

索引 149

〈ハ 行〉

パーオキシアセチルナイトレート ……………27
パークアンドライド ……………………………117
バイオエタノール ………………………………62
バイオマス ………………………………………118
廃棄物 ……………………………………………35
廃棄物処理法 ………………………………84, 87
排出者責任の原則 ………………………………87
排出量取引 ………………………………………61
ハイドロクロロフルオロカーボン ……………64
発生抑制 …………………………………………89
半減期 …………………………………………47, 51

ヒートアイランド ………………………………53
東アジア酸性雨モニタリングネットワーク …68
東日本大震災 ……………………………………9
ピグー税 …………………………………………114
ピコグラム ………………………………………43
微小粒子状物質 …………………………………26
ビスフェノールA ………………………………45
非特定汚染源 ……………………………………28
ビル用水法 ………………………………………83

富栄養化 …………………………………………32
福島第一原子力発電所 ………………………9, 48
物質循環 …………………………………………3
物質フロー ………………………………………36
不等沈下 …………………………………………52
不同沈下 …………………………………………52
浮遊粒子状物質 …………………………………26
ブラウンフィールド ……………………………35
フロン ……………………………………………64
フロン回収・破壊法 ……………………………100
フロン類 …………………………………………100
分解者 ……………………………………………4
文化的サービス …………………………………69
分別解体 …………………………………………91

閉鎖性水域 ………………………………………32
ベオグラード憲章 ………………………………142
ベクレル …………………………………………46
ペットボトル ……………………………………38
ヘルシンキ議定書 ………………………………68

法アセス ………………………………………103

放射性同位体 ……………………………………46
放射性物質 ………………………………………46
放射線 ……………………………………………46
放射能 ……………………………………………46
ポリエチレンテレフタレート …………………38
ポリ塩化ジベンゾ-パラ-ジオキシン …………42
ポリ塩化ジベンゾフラン ………………………42
ポリ塩化ビフェニル …………………………22, 40

〈マ 行〉

埋設農薬 …………………………………………44
マニフェスト …………………………………87, 91
マルサス …………………………………………105

見かけの浄化 ……………………………………31
水俣病 ……………………………………………18
ミンチ解体 ………………………………………91

メチル水銀 …………………………………17, 19
メチルメルカプタン ……………………………33
メトヘモグロビン血症 …………………………34
面源 ………………………………………………28

猛暑日 ……………………………………………53
森永砒素ミルク事件 ……………………………22
モントリオール議定書 …………………………65

〈ヤ 行〉

薬害 ………………………………………………22

有機塩素系農薬 …………………………………44
有機水銀中毒症 …………………………………17

容器包装リサイクル法 …………………………89
ヨウ素 ……………………………………………46
要措置区域 ………………………………………82
四日市喘息 ………………………………………20
四大公害 …………………………………………17
四大公害病 ………………………………………14

〈ラ 行〉

リオ＋20 …………………………………………15
リオ宣言 …………………………………………15
リターナブルびん ………………………………38
硫化水素 …………………………………………33
粒子状物質 ………………………………………26

レッドリスト ·· 74

〈ワ 行〉

渡良瀬遊水池 ·· 17
ワンウェイびん ··· 38

〈英数字〉

2, 3, 7, 8-テトラクロロジベンゾ-パラ-ジオキシン（2, 3, 7, 8-TCDD） ······························ 42
21世紀環境立国戦略 ··································· 8
3 R ··· 89
4-t-オクチルフェノール ······························ 45
4-ノニルフェノール ···································· 45

BOD ·· 31
BRT ··· 118

CDM ··· 61
CFC ·· 64

DDT ·· 45
DEP ·· 26
DES ·· 45

E 10 ガソリン ··· 62
EANET ··· 68
EDC ·· 45
EPR ··· 86
ET ··· 61
ETC システム ··· 117

GHG ··· 59
GWP ··· 60
Gy ·· 47

HCFC ·· 64

ICRP ··· 47
IPCC ··································Sabah·· 57, 118
IUCN ··· 69

JI ·· 61

LRT ···································· 118, 125

Minamata Disease ······································ 19

NEPA ·· 132
NO_2 ·· 24

ODP ·· 100

PAN ·· 27
PCB ·· 22, 41
PCB 処理特別措置法 ································· 97
PCDD ··· 42
PCDF ·· 42
PCE ·· 33
PET ··· 38
PM ·· 26
PM 2.5 ·· 26
POPs 条約 ·· 44
ppm ··· 24
PPP ··· 81
PRTR 制度 ·· 96

RDF ·· 7
recycle ·· 89
reduce ·· 89
reuse ··· 89

SATOYAMA イニシアティブ ················· 130
SDS 制度 ·· 96
SEA ··· 101
SO_2 ·· 24
SPM ·· 26
Sv ·· 47

TBT ·· 45
TCE ·· 33
TDI ·· 43
TEF ··· 43
TEQ ··· 43

X 線 ·· 47
α 線 ·· 47
β 線 ·· 47
γ 線 ·· 47

著者紹介

田中 修三（たなか　しゅうぞう）
1952 年生まれ
1984 年　東京大学大学院工学系研究科博士課程修了
現　　在　明星大学理工学部総合理工学科教授・工学博士
専　　門　水環境学，バイオエネルギー
著　　書　『基礎環境学』（共著，共立出版，2003）『水環境工学』（共著，オーム社，2005）
　　　　　『生活排水対策』（共著，産業用水調査会，1998）ほか

西浦 定継（にしうら　さだつぐ）
1964 年生まれ
1995 年　東京大学大学院工学系研究科博士課程修了
現　　在　明星大学理工学部総合理工学科教授・博士（工学）
専　　門　都市・地域計画学
著　　書　『基礎環境学』（共著，共立出版，2003）『スマートグロース』（共著，学芸出版，2003）『広域計画と地域の持続可能性』（共著，学芸出版，2010）ほか

（表紙デザイン・カット　田中真理子）

基礎から学べる環境学
Environmental Science for Basic Learning

検印廃止

2013 年 11 月 10 日　初版 1 刷発行 2018 年 2 月 25 日　初版 3 刷発行	著　者	田中　修三　ⓒ2013 西浦　定継
	発行者	南條　光章
	発行所	**共立出版株式会社** 〒112-0006 東京都文京区小日向 4 丁目 6 番 19 号 電話 03-3947-2511　振替 00110-2-57903 URL http://www.kyoritsu-pub.co.jp/

印刷：加藤文明社
製本：協栄製本
NDC 543/Printed in Japan
ISBN 978-4-320-07191-9

一般社団法人
自然科学書協会
会員

JCOPY ＜出版者著作権管理機構委託出版物＞
本書の無断複製は著作権法上での例外を除き禁じられています．複製される場合は，そのつど事前に，出版者著作権管理機構（TEL：03-3513-6969，FAX：03-3513-6979，e-mail：info@jcopy.or.jp）の許諾を得てください．

■環境科学・工学関連書　　　http://www.kyoritsu-pub.co.jp/　共立出版

ハンディ版 環境用語辞典 第3版	上田豊甫他編
基礎から学べる環境学	田中修三他著
知らないと怖い環境問題	大塚徳勝著
環境情報科学	村上篤司他著
環境教育 基礎と実践	横浜国立大学教育人間科学部環境教育研究会編
これだけは知ってほしい 生き物の科学と環境の科学	河内俊英著
ヒューマン・エコロジーをつくる 人と環境の未来を考える	野上啓一郎編
人間・環境・安全 くらしの安全科学	及川紀久雄他著
地球・環境・資源 地球と人類の共生をめざして	坂 幸恭他著
地球環境の物理学	林 弘文他著
地球環境と生態系 陸域生態系の科学	武田博清他編集
地球の歴史と環境 （物理科学のコンセプト 8）	小出昭一郎監修
生態学事典	巌佐・松本・菊沢／日本生態学会編集
生態リスク学入門 予防的順応的管理	松田裕之著
ゼロからわかる生態学 環境・進化・持続可能性の科学	松田裕之著
環境生態学序説 持続可能な漁業、生物多様性の保全、生態系管理、環境影響評価の科学	松田裕之著
マネジメントの生態学 生態文化・環境回復・環境経営・資源循環	鈴木邦雄著
生態系再生の新しい視点 湖沼からの提案	高村典子編著
エコシステムマネジメント 包括的な生態系の保全と管理へ	森 章編集
森林の生態 （新・生態学への招待）	菊沢喜八郎著
生物保全の生態学 （新・生態学への招待）	鷲谷いづみ著
草原・砂漠の生態 （新・生態学への招待）	小泉 博他著
湖沼の生態学 （新・生態学への招待）	沖野外輝夫著
河川の生態学 （新・生態学への招待）	沖野外輝夫著
高山植物学 高山環境と植物の総合科学	増沢武弘編著
生命・食・環境のサイエンス	江坂宗春監修
21世紀の食・環境・健康を考える	唐澤 豊編
食と農と資源 環境時代のエコ・テクノロジー	中村好男他編
食の安全・安心とセンシング	同調査研究委員会編
海と大地の恵みのサイエンス 人と自然の共生をめざして	宮澤啓輔監修
入門 環境の科学と工学	川本克也他著
環境有機化学物質論	川本克也他著
環境化学計測学 環境問題解決へのアプローチ法としての環境測定	堀 雅宏著
環境エネルギー	化学工学会編
エネルギー科学と地球温暖化 エネルギーを知れば世界が変わる	氏田博士他著
エネルギーと環境の科学	山﨑耕造著
物質・エネルギー再生の科学と工学	葛西栄輝他著
これからのエネルギーと環境 水・風・熱の有効利用	阿部剛久編
環境計画 政策・制度・マネジメント	秀島栄三訳
環境システム その理念と基礎手法	土木学会環境システム委員会編
環境衛生工学 （テキストシリーズ 土木工学 7）	津野 洋他著
環境材料学 地球環境保全に係わる腐食・防食工学	長野博夫他著
地盤環境学	嘉門雅史他著
水環境工学 水処理とマネジメントの基礎	川本克也他著
汚染される地下水 （地学ワンポイント 2）	藤縄克之著
環境地下水学	藤縄克之著
水文科学	杉田倫明他編著
水文学	杉田倫明訳
海洋環境学 海洋空間利用と海洋建築物	佐久田昌昭他著
沿岸域環境事典	日本沿岸域学会編
ウォーターフロントの計画ノート	横内憲久他著
東京ベイサイドアーキテクチュアガイドブック	畔柳昭雄＋親水まちづくり研究会著
新編海岸工学	椹木 亨他著
津波と海岸林 バイオシールドの減災効果	佐々木 寧他著
風景のとらえ方・つくり方 九州実践編	小林一郎監修
新・都市計画概論 改訂2版	加藤 晃他編著
都市の計画と設計 第2版	小嶋勝衛監修
景観のグランドデザイン	中越信和編著
建築・環境音響学 第3版	前川純一他著
廃棄物計画 計画策定と住民合意	古市 徹編著
産業・都市放射性 廃棄物処理技術 増訂2版	福本 勤著